認識 Fuzzy 理論與應用

王文俊　編著

全華圖書股份有限公司

自序

　　1994 年二月起一年，我暫離中央大學，到美國喬治亞理工學院做研究，買了一本書(參考文獻[1])開始專研 Fuzzy Theory，當時我的 host professor: Prof. Ye-Hwa Chen (陳義華教授) 也幾乎跟我同時轉向這一領域，一轉眼 20 多年過去，我在中央大學也教了近 20 年的"模糊系統與控制"。近二十幾年來，學生數學基礎愈來愈薄弱，原來我在教的"非線性系統"修課學生愈來愈少，課程內容太過理論，也牽涉太多數學，學生已顯現消化不良疲態。因此"模糊系統與控制"這門課剛好讓我頂替"非線性系統"開課，因為上課編撰了頗為完整的上課講義，因此興起寫書的念頭，1997 年由全華圖書為我出版 **"認識 Fuzzy"** 第一版，結果銷路非常好，承蒙許多大專院校教授當作上課用書，甚至我還發現網路上有人兜售盜版書。2001 年第二版出刊，因為銷售績效佳，因此全華圖書鼓勵我繼續再改版，直到 2005 年的第三版出版至今。一轉眼第三版已用了超過十年，我自己也認為內容該有所精進才是，因此趁去年八月份又有機會到美國研究半年，開始認真重寫改版，終於在今年十月份完稿，很高興**第四版**即將問世，我也改了書名為：**"認識 Fuzzy 理論與應用"**。希望這一新版本，不但能帶給讀者認識 fuzzy 基礎理論，也能理解 fuzzy 並應用至生活或研究上。

　　不可否認這一版本仍有許多與第三版類似內容，如本書第一章到第四章，為原來第三版書 **"認識 Fuzzy"** 的第一章到

第五章，是模糊集合的一些基本定義、性質與運算，因為是基礎，無法去除，但我們在章節編排上有更緊密適切的安排，所以把原五章內容整合成四章，值得一提的是：模糊數算術那一章本書也簡化了，因為應用性不大。本書第五章到第十章，是舊版書的第六章到第十一章，我們把模糊控制設計的基本功，從模糊關係、模糊推論、模糊邏輯、推論工場、解模糊化、到最終模糊控制，很有條理系統的整理出來，是一般坊間類似書很少見的編排與整理，可以讓學生建立一套紮實的模糊控制理論基礎。舊版書第十二章的基因演算法，因為與 fuzzy 沒有直接關係，本書已經刪除了。舊版書的第十三章到第十五章，有關模糊系統模式與傳統控制系統的結合，我重新整理為本書的第十一章到第十三章，其中第十三章大大增加了 T-S 模糊系統的介紹及設計，因為 T-S 模糊系統是研究模糊控制的學者很重視的一個數學模式，可視為可以連接模糊控制理論與傳統控制理論的橋樑，所以我認為在本新版書有責任介紹給讀者。另外本書仍然擺放模糊分群於第十四章，也加強了模糊決策的內容於第十五章，這些都還是模糊理論與應用正夯的方向。

　　寫一本書從構思、整理、到撰寫，很費神、費力，數學式子又多，格式又必須一致，真的是工程浩大，出版後版稅微薄，消費者又必須是大學生及研究生，在少子化的現在，銷路應該不會很大，因此可謂吃力不討好的事。但是學者常常就是有一個"傻勁"，或是古人所謂三不朽"立德、立功、立言"的虛榮心，我就是如此，因此此書就繼續改寫完成了。這一本書的改版完成，我要感謝的人很多，第一是我太太　陳淑楨，在美國期間，我常在孤燈下寫書，一寫就好幾個小時，她總是默默的為我準備衣食飲水，絕不打擾，讓我能專心撰寫。我也要感謝我可愛的研究生們：周顥恭、丁褘、彭政茂、沈雨萱、林冠志、黃冠穎、蔣錫沅、林宜臻、黃貞媛、顏御軒、郭子正、陳致元、越南生 Vu Van Phong，以及印尼生 Wahyu Rahmaniar，他們替我校稿、解習題、畫圖等，功不可沒。還有絕不能忘記我的美麗的專任助理 吳昭儀小姐，她的文書處理能力，解決我許多格式問題，也替我一章一章的校稿，幫了我很大的忙，她的細心與用心，令我非常感激。

最後要感謝全華圖書公司，一直替我出版此書，從第一版至第四版，該公司是支持我一直寫下去的很重要的支柱，希望有興趣的讀者，讀了此書後，能從認識 fuzzy，理解 fuzzy，甚至到應用 fuzzy，我真的相信，我用心寫的這一本書，絕不會辜負讀者的期望，絕對是 CP 值很高的一本書。

自序的結尾，必須要向國際學者大師:Fuzzy 創始人 Prof. Zadeh 致上最高的敬意，他於今年九月六日過世了，享年 97 歲，世界各國研究 fuzzy 學者紛紛寫信悼念，http://engineering.berkeley.edu/2017/09/remembering-lotfi-zadeh 可見他在國際學術界崇高的地位。我在多次國際研討會中見過他，也跟他交談過，2001 年也曾經邀請他來中央大學作過演講，他的學者風範，令人由衷景仰敬佩。可惜未來再也不能再見到他的大師風采，僅能從與他的合照中，緬懷跟他多次見面的片段記憶。

作者自序於國立中央大學電機系

2017/09/30

作者與 Prof. Zadeh 合照 (2001/7/27)

<u>作者簡歷</u>

國立中央大學資電學院院長

國立中央大學講座教授

國立台北科大研發長

國立台北科大講座教授

國立暨南大學科技學院院長

IEEE Fellow

IFSA（國際模糊學會）Fellow

CACS(中華民國自動控制學會)Fellow

科技部研究傑出獎三次

科技部特約研究員獎

中華民國模糊學會傑出貢獻獎

中華民國系統學會學術傑出貢獻獎

中華民國自動控制學會傑出自動控制工程獎

科技部工程處控制學門召集人

大同大學傑出校友

知名學者推薦

　　國立中央大學電機系講座王文俊教授撰寫的"認識 Fuzzy 理論與應用"（認識 Fuzzy 第四版）這一本書，編排由淺入深、闡述條理分明、撰寫用心詳盡、是一本易讀易懂的好書。若您想對 Fuzzy 理論打好基礎，並且有意朝專業 Fuzzy 領域邁進的讀者，我們很樂意且強力向您推薦此書。

台北科大前校長，中原大學、淡江大學講座教授，國家講座
李祖添教授

新竹清華大學講座教授，國家講座
陳博現教授

中國遼寧工業大學校長
佟紹成教授

2017/08/31

編輯部序

　　「系統編輯」是我們的編輯方針，我們所提供給您的，絕不只是一本書，而是關於這門學問的所有知識，它們由淺入深，循序漸進。

　　書共分十七章，可以分成以下幾個大方向：第二章至第四章主要介紹模糊集合的意義、性質、及運算等；第五章討論模糊關係；第六章至第九章是按步就班，把模糊推論、模糊邏輯、到模糊控制設計的相關程序，循次漸進介紹給讀者；第十四章與第十五章介紹模糊分類與模糊決策。第十六章則是把神經網路與模糊規則拉上關係一起討論。本書適合大學、科大電機系「模糊理論與應用」、「模糊控制」課程使用。

　　同時，為了使您能有系統且循序漸進研習相關方面的叢書，我們以流程圖方式，列出各有關圖書的閱讀順序，以減少您研習此門學問的摸索時間，並能對這門學問有完整的知識。若您在這方面有任何問題，歡迎來函連繫，我們竭誠為您服務。

相關叢書介紹

書號：0599001
書名：人工智慧：智慧型系統導論
　　　(第三版)
編譯：李聯旺.廖珗洲.謝政勳
20K/560 頁/590 元

書號：0641701
書名：人工智慧(第二版)
編著：張志勇.廖文華.石貴平.
　　　王勝石.游國忠
16K/376 頁/580 元

書號：06476
書名：認識人工智慧－
　　　第四波工業革命
編著：劉峻誠.羅明健.
　　　耐能智慧(股)公司
16K/192 頁/420 元

書號：06148017
書名：人工智慧－現代方法(第三版)
　　　(附部份內容光碟)
編著：歐崇明.時文中.陳 龍
16K/720 頁/800 元

書號：06442007
書名：深度學習－從入門到實戰
　　　(使用 MATLAB)(附範例光碟)
編著：郭至恩
16K/400 頁/460 元

書號：06453
書名：深度學習－硬體設計
編著：劉峻誠.羅明健
16K/264 頁/750 元

◎上列書價若有變動，請
　以最新定價為準。

流程圖

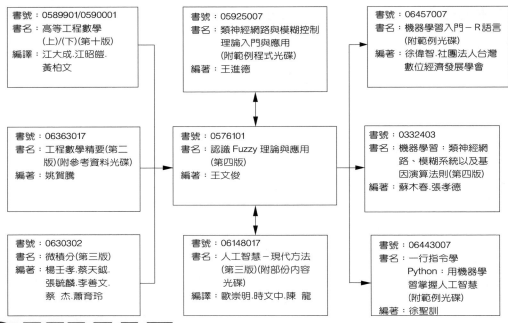

書號：0589901/0590001
書名：高等工程數學
　　　(上)/(下)(第十版)
編譯：江大成.江昭皚.
　　　黃柏文

書號：05925007
書名：類神經網路與模糊控制
　　　理論入門與應用
　　　(附範例程式光碟)
編著：王進德

書號：06457007
書名：機器學習入門－R語言
　　　(附範例光碟)
編著：徐偉智.社團法人台灣
　　　數位經濟發展學會

書號：06363017
書名：工程數學精要(第二
　　　版)(附參考資料光碟)
編著：姚賀騰

書號：0576101
書名：認識 Fuzzy 理論與應用
　　　(第四版)
編著：王文俊

書號：0332403
書名：機器學習：類神經網
　　　路、模糊系統以及基
　　　因演算法則(第四版)
編著：蘇木春.張孝德

書號：0630302
書名：微積分(第三版)
編著：楊壬孝.蔡天鉞.
　　　張毓麟.李善文.
　　　蔡 杰.蕭育玲

書號：06148017
書名：人工智慧－現代方法
　　　(第三版)(附部份內容
　　　光碟)
編譯：歐崇明.時文中.陳 龍

書號：06443007
書名：一行指令學
　　　Python：用機器學
　　　習掌握人工智慧
　　　(附範例光碟)
編著：徐聖訓

目　　　錄

第 一 章

模 糊 理 論 之

來 龍 去 脈

1.1 前言

　　開門見山，先問什麼是 Fuzzy？若查英漢字典，它會告訴你中文解釋為：模糊不清的、朦朧的、毛絨絨的。這好像都不是正面的意思，沒錯！Fuzzy 就是中文所謂的 "模糊"。但它的理論來源、近況及發展卻是保證令人 "印象深刻"。在本書的第一章，我們就要針對 Fuzzy 理論的來源、歷史、近況、應用領域。分節一一來介紹給讀者，最後把本書各章之重點先作簡單介紹。

1.2 為何會有 Fuzzy 理論

　　大部份的人都認為 "模糊" 不是好事，它代表人就表示此人迷糊、馬虎；代表事物則表示此事物混沌不清、不清不楚。但不可否認的，在人們的日常生活中，"模糊" 卻隨時隨地、如影隨形般地與人們生活在一起。為什麼呢？譬如說，你問同學：「你父親多大年紀了？」，他回答你：「60 多歲了！」；又問：「郭董財富有多少？」，回答：「大概數十億吧！」；又問：「現在幾點鐘？」，回答：「九點半左右」。以上問答是不是很普通的日常生活語句？而答案似乎也都能被人接受。我們絕少會追究「你父親的出生年月日究竟是哪一天？」、「郭董的財富是不是美金五千億九仟伍佰三十萬三仟伍佰元」(筆者胡猜的數字)，或「現在是九點二十分三十五秒」這些精確答案！那就是我們願接受一個 "模糊" 的概略回答。另外在電視新聞的氣象報告中，播報員也常會說：「明天天氣是晴時多雲偶陣雨，氣溫是 25 度到 30 度之間」；或經濟部發表的臺灣經濟景氣是「黃藍燈」。以上辭句是不是都具備了模糊的意思，但你卻視之正常，毫無疑惑。在家中，父母囑咐子女上學騎車、太太叮嚀先生上班開車：「別開 (騎) 太快喔！」；入學時，填家中經濟狀況資料，往往是以下幾個選項「佳」、「普通」、「小康」等；他家的房子是「豪宅」，他的兒子薪水「還不錯」，等等，都是一些模糊語句。從以上生活中的例子可看出，的確我們就生活在 Fuzzy 中，而且完全適應良好。再舉大學聯考例子，筆者四十幾年前參加大學聯考時，除了作文以外，所有科目全部是電腦閱卷，也就是答題全用電腦卡，劃方格，塗黑就 Yes，否則就 No。這種以二分法(Yes or No)來考驗高中學子的方式，不出兩三年就發現不適當，而改進為有申論題、計算題、問答題等類型的考試，證明許多題目不能用 Yes or No 來出題，學生們也不是只能用 Yes or No 來思考，所以有模糊概念的考試方式(申論題、計算題、問答題)就又獲得重視了。

　　說了半天且舉了一堆例子，也就是要告訴讀者，"模糊"未必不好，有時候卻是很正常或不得不如此，畢竟生活中有許多事物不須費盡心力地去追根究底。所以 Fuzzy 是有其存在的必要，也不應該去鄙視它。

　　「從事科學研究的人，應俱有"精確"的科學精神」，這句話乍看似乎很合理，但科學家愛因斯坦在 1921 年曾講過一句話：「So far as laws of mathematics refer to reality, they are not certain. And so far as they are certain, they do not refer to reality.」，這句話翻譯如下：「數學定律若要盡量的逼近"真實"，則它們必然無法很"精確"；而它們要盡量"精確"，則必然無法"真實"。這真是一針見血地為 Fuzzy 理論做了最好的詮釋(注意！Fuzzy 理論是誕生在 1965 年)，所以在 Fuzzy 理論誕生前，愛因斯坦就道盡了科學家其實常常在"精確"與"真實"間掙扎。例如要分析一個馬達，必須先將馬達的數學模式推導出來才能分析，可是若要數學模式完全描述"真實"的馬達，必然有許多參數無法確定(參數可能會隨溫度、溼度不同而變化)；若要確定所有參數，則必然忽略一些參數的變化，則此模式又不"真實"了，愛因斯坦說的正是這個道理。由以上日常生活及科學家的眼中，Fuzzy 似乎就應運而生了，而且還來勢洶洶呢！

1.3 Fuzzy 理論的誕生

1965 年，美國加州柏克萊大學 L. A. Zadeh (札德)教授在「資訊與控制」(Information and Control)學術雜誌上，發表「Fuzzy 集合」的論文，Fuzzy 理論於是誕生。札德教授 1959 年起任教於柏克萊大學，他本來是精研控制系統理論的大師，但 1965 年起專研在 Fuzzy 理論的研究。在初期這十年間，他飽受美國本土教授、學者批評，甚至收不到美國本土的學生，可見當時他在美國學術界受到的鄙視與批評，令人敬佩的是他的堅持，卻在美國以外地區吸引了許多學者願意跟隨他，世界各國對 Fuzzy 的研究投入者也愈來愈多。1984 年國際模糊系統學會 (International Fuzzy Systems Association)成立，並同時成立北美、日本、歐洲及中國大陸四大分會。從此，Fuzzy 的理論及應用研究，在世界各國如火如荼地展開且急速發展[39]。由此大家可以看出札德教授對 Fuzzy 理論研究的堅持與執著，幾乎忍受了 20 年(1965~1984)孤寂的研究生活，終於讓 Fuzzy 理論受到重視，並在世界發揚光大。這真是學術界高處不勝寒的最佳寫照。

1.4 Fuzzy 研究近況

Fuzzy 理論從 1965 年札德教授發表以來，已歷經近四十年了。在全球漸漸形成以美國、日本、中國大陸三國為主的 Fuzzy 研究陣營。在美國已有不計其數的大學教授投入 Fuzzy 的研究，不論在 Fuzzy 理論與 Fuzzy 實驗研究上，均有又多又好的文獻發表，美國真不愧是人才濟濟的大國。縱然到目前仍有不少學者對 Fuzzy 理論持懷疑的態度，但絲毫不損 Fuzzy 在美國蓬勃發展的氣勢。在美國本土，Fuzzy 的應用方面可以發現 NASA(美國航空暨太空總署)非常積極，且已有一些具體成果[9]。

日本則是目前世界第一的 Fuzzy 產品開發國家，其以 Fuzzy 理論結合自動控制，應用於家電產品上，表現非凡。藉由隨處可見的日本家電產品，"Fuzzy"一詞逐漸被人們廣為熟知，Fuzzy 的知名度也因此擴展到一般非研究階層的消費者身上。Fuzzy 能夠這麼"有名"，日本家電產品可謂之居功厥偉。但 Fuzzy 理論的研究方面，日本也不落人後，許多大牌的 Fuzzy 專家均是日本籍，不少重要論文亦出自其手筆。

中國大陸則以 Fuzzy 理論居多，其學者在 Fuzzy 理論的論文可謂世界最多。但從 1989 年後，中國大陸也開始著重在 Fuzzy 應用方面的研究，且由國家級科學機構，如中國國家自然科學基金委員會、國家經濟計劃委員會大力支持，目前研究人數已超過美、日，且在許多領域有可觀的研究成果。

其他如歐洲的德國、法國、西班牙對 Fuzzy 的研究亦不遺餘力，最著名的 Fuzzy 國際期刊之一 Fuzzy Sets & Systems，即為德國教授 Zimmermann 擔任第一任主編並由荷蘭出版。在亞洲除了中國大陸與日本外，台灣、韓國、新加坡等國也有非常多的學者在 fuzzy 領域探索，並有很多優秀文章發表。目前 IEEE 系列的期刊有兩種 IEEE Transaction on Fuzzy Systems 及 IEEE Transaction on Cybernetics 裡面的 fuzzy 文章幾乎占絕大多數。值得一提的是台灣學術界自己出版的國際期刊"International Journal of Fuzzy Systems"目前也在 SCI 系列期刊之列，並以超過 2 的影響因子(Impact factor)在國際模糊系統領域占有重要的一席之地。筆者有幸，也曾經擔任該期刊主編一職多年。

1.5 Fuzzy 應用領域

Fuzzy 理論應用於控制上，是於 1974 年由英國倫敦大學的 E.H. Mamdani 教授，以蒸氣引擎的控制實驗開始的。其後，Fuzzy 控制應用逐漸受到世界各國的重視，其中以日本仙台市之地下鐵自動控制運輸系統 (1987 年)，最令人津津樂道。

綜觀世界，Fuzzy 理論之應用研究包羅萬象，分別略述於下：

一、影像識別：應用於醫學病症的判別、手寫字體、印刷字體、語音、影像、指紋識別等等。

二、自動控制：在各種家電控制、溫度控制、工業電力控制、機器人控制、地下鐵電車起動及停站、汽車駕駛控制等等，均可見到 Fuzzy 的影子。

三、其他如資料管理、教學評量、心理分析、財經管理，均是 Fuzzy 應用的範圍。

至於現今的生活家電用品使用 Fuzzy 控制的更是不勝枚舉：如自動洗衣機、傻瓜照相機、恆溫冷氣機、智慧電冰箱等等都有 Fuzzy 的影子，只是那些家電外表都掛上"智慧型"、或"人工智慧"等比"模糊"更炫的形容詞罷了。還有許多其他相關應用的資料可參閱 [41]。

1.6 各章節概述

本書共分十七章，簡單說可以分以下幾個大方向：第二章至第四章主要介紹模糊集合的意義、性質、及運算等。第五章討論模糊關係。第六章至第十章是按部就班，把模糊推論、模糊邏輯、到模糊控制設計的相關程序，循次漸進介紹給讀者。第十一章至十三章主要介紹模糊理論在控制領域的貢獻。第十四章至第十五章則探討模糊理論在其他領域的應用。第十六章則是把神經網路與模糊規則拉上關係一起討論；最後第十七章為結論。除了第一章介紹及十七章結論之外，我們再分別略述各章之重點如下：

第二章主要介紹模糊集合相關之基本定義及其基本型態；第三章討論模糊集合在補集、交集與聯集等運算。第四章介紹模糊數之加、減、乘、除四種算術；第五章探討模糊關係及其相關性質；第六章至第八章詳細介紹模糊邏輯、模糊推論以及如何變成一個模糊推論工場，每一階段之運算均仔細列出，以做為研讀模糊控制之準備；第九章是各種常用的模糊化及解模糊化之方法介紹,這也是因應模糊控制中最後一個步驟所需;第十章利用實例來詳述模糊控制器的設計步驟,並補充說明設計過程中應注意的事項;第十一章探討的是受控體為線性系統且其數學模式已知,但控制器為模糊控制器,如何設計此模糊控制器,且該閉迴路系統的穩定性都將在本章討論。第十二章則是談到如何建立一個模糊系統來近似一個已知的非線性系統,這也是模糊理論裡的一個重要應用;第十三章則是介紹如何把一個非線性系統以一個 Takagi-Sugeno Model 來建立其近似之模糊系統,並做穩定性分析及控制;第十四章則是介紹模糊理論在圖形識別領域中的一個重要應用-模糊 C-分群演算法;第十五章則是談到模糊理論應用於下決策的方法,這是近期在經營管理領域愈來愈紅的研究。第十六章把模糊規則化成神經網路來解近似非線性函數的問題。

　　當然,以上內容並無法涵蓋模糊理論的全部,但是卻足夠讓讀者當作"模糊理論"這門學問的開門磚了。

第二章

甚麼是模糊集合

2.1 簡介

　　一般人在平常生活上的對話，常常會含有混淆不清或模稜兩可的話句，但是卻不會造成溝通的困惑。尤其在形容一件事物或一個人時，這種不確定話句往往非常明顯。譬如，我們說"很胖的人"、"很老的狗"、"她家很富有"，這些形容詞"胖"、"老"、"富有"其實都是很含糊的，我們講這些話時並沒有明白表示出多少公斤以上叫"胖"或多少公斤以下叫"瘦"，多少歲以上叫"老"或多少歲以下叫"年輕"，多少錢以上叫"富有"，多少錢以下較"窮"。說一個人"老"或"胖"或"富有"只是一種語言的形容詞，一種直覺或一種習慣性描述。這種形容式的語句在我們的生活上屢見不鮮。

　　也許我們可以用圖 2.1a 及圖 2.1b 分別來表示"胖"的人及"老"的狗。在圖 2.1a 及 b，橫軸分別為"公斤"及"年齡"，而縱軸 $\mu:0\to1$ 則分別代表"胖"及"老"的程度

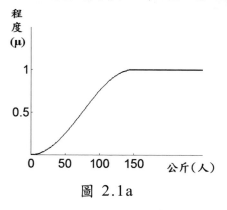

圖 2.1a

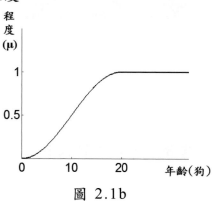

圖 2.1b

μ 通常是介於 0 到 1 之間。當 $\mu \to 1$ 表示程度愈重，$\mu \to 0$ 表程度愈輕。我們也可以從圖 2.1 看出，我們把"胖"及"老"這兩個形容詞已被數量化在橫軸上，而"不確定性"也數量化在縱軸上了。

　　事實上大多數的形容詞均可被數量化在一個如圖 2.1 之座標圖上，這種表示法被稱為"意義的數量化(quantification of meaning)"，也就是模糊集合之來源，而模糊理論則是建立在這種圖形表示法上並結合傳統的集合論來發展的。

2.2 明確集合之複習

　　在我們進入模糊集合(fuzzy set)領域以前，先來回憶一下中學時代所學的集合基本觀念。讓我們更清楚定義中學時代所學的集合，其實就是所謂的"明確集合(crisp set)"，例如：$A = \{a, b, c\}$ 表示 A 是一個明確集合，此集合內含有三個元素 a，b 及 c；我們常用的表示法為 $a \in A$，$b \in A$，及 $c \in A$。很明顯的 $d \notin A$，因 A 集合內並無元素 d。還有一種明確集合的表示法如：$B = \{x | 2x + 4 = 0, x \in R\}$，此表示集合 B 為所有滿足方程式 $2x + 4 = 0$ 之實數 x 所成的集合。以上二例可知明確集合代表它們內部的元素的屬性很明確。如 $a \in A$ 很明確，$d \notin A$ 也很明確。$x = -2 \in B$ 很明確，$x = 0 \notin B$ 也很明確。再給一例，$C = \{$中央大學所有學生$\}$，表示集合 C 是由所有擁有中央大學學生證的學生所成的集合，有學生證代表學生身分很明確，所以 C 也是一個明確集合。

　　若我們為任一個明確集合 A 定義一個特性函數(characteristic function) Φ_A 如下：

$$\Phi_A(x) = \begin{cases} 1, & \text{當 } x \in A \\ 0, & \text{當 } x \notin A \end{cases}; \tag{2.1}$$

亦即 $\Phi_A : X \to \{0,1\}$，其中 X 為一個宇集合 (universal set 或 universe of discourse 許多中文書稱為"論域")表示 A 集合內之元素 x 之來源，$x \in X$。此特性函數很明確地表示 x "是"或"不是"屬於集合 A。

　　另外我們也來簡單複習一下明確集合之基本定理。兩個明確集合 A 及 B，$A \subset B$ 表示 A 是 B 之部分集合。$B - A = \{x | x \in B, \text{但} x \notin A\}$ 表示集合 B 中所有元素扣掉那些屬於集合 A 的元素所成的集合。$\overline{A}$ 表示集合 A 之補集合，即 $\overline{A} = \{x | x \notin A, x \in X\}$，其中 X 表示宇集合，因此 $\overline{\overline{A}} = A$ 是當然的。若 ϕ 表示空集合，則 $\overline{\phi} = X$，$\overline{X} = \phi$。另外兩集合交集由 $A \cap B = \{x | x \in A \text{且} x \in B\}$ 表示。兩集合聯集由 $A \cup B = \{x | x \in A \text{或} x \in B\}$ 表示。還有一些常見的明確集合之基本定理如下：

交換律：$A \cup B = B \cup A$；$A \cap B = B \cap A$.

結合律：$(A \cup B) \cup C = A \cup (B \cup C)$；$(A \cap B) \cap C = A \cap (B \cap C)$.

分配律：$A \cap (B \cup C) = (A \cap B) \cup (A \cap C)$,

$\qquad\quad A \cup (B \cap C) = (A \cup B) \cap (A \cup C)$.

同一律：$A \cup A = A \cap A = A$.

吸入律：$A \cup (A \cap B) = A$；$A \cap (A \cup B) = A$.

$\qquad\quad A \cup X = X$；$A \cap \phi = \phi$.

恆等律：$A \cup \phi = A$；$A \cap X = A$.

矛盾律：$A \cap \overline{A} = \phi$.

排中律：$A \cup \bar{A} = X$.

笛摩根定律：$\overline{A \cap B} = \bar{A} \cup \bar{B}$；$\overline{A \cup B} = \bar{A} \cap \bar{B}$.

　　複習完了以上明確集合基本定義與定理後，我們接著就要進入模糊集合的領域了。讀者應該有一個疑問是模糊集合應該與明確集合有一些類似之處，不然怎麼都稱為"集合"呢？請讀者繼續研讀以下章節，有助於您了解其中奧祕。

2.3 模糊集合之基本型態

　　在 2.2 節中，一個明確集合 A 之特性函數 $\Phi_A(x)$ 非 1 即 0，其中 $x \in X$。換句話說，x 屬於或不屬於集合 A 很明確，沒有模糊地帶，如上一節中所提的中央大學生所成的集合 C，是以學生證為根據，故很明確。

　　現在我們考慮一個新的集合 F，它的特性函數 $\Phi_F(x)$ 的值是介於 0 與 1 之間，也就是說，x 屬於集合 F 之程度有輕重大小之分。當 $\Phi_F(x_1) > \Phi_F(x_2)$ 表示 x_1 屬於 F 的程度(degree 或 grade)比 x_2 屬於 F 之程度大(或重)，如此這個集合 F 就是一個不明確的元素隸屬關係。這種集合我們稱它為"模糊集合(fuzzy sets)"，而它的特性函數通常被稱為"歸屬函數(membership function)"，常用的表示法不再是 $\Phi_F(x)$ 而是 $\mu_F(x)$ 或 $F(x)$。換句話說，若 F 是一個模糊集合，則 $\mu_F(x)$ 或 $F(x)$ 代表 x 在 F 中的歸屬函數，而它們的值是介於 0 與 1 之間，以符號表示如下：

$$\mu_F : X \to [0,1], \text{（亦即 } 0 \leq \mu_F(x) \leq 1, x \in X \text{）}; \tag{2.2a}$$

或

$$F: X \rightarrow [0,1]. \quad (\text{亦即 } 0 \leq F(x) \leq 1, x \in X) \tag{2.2b}$$

為了一致性之表示，本書以下各章節均用 $F(x)$ 代表模糊集合 F 之歸屬函數而不用 $\mu_F(x)$ 之表示法。先舉些日常生活中的模糊集合的例子，以讓讀者更易了解它的意思。

　　圖 2.2a 表示"小朋友"之模糊集合 A，橫軸 X 為年齡大小，縱軸表是屬於小朋友的程度，曲線就代表各年齡屬於"小朋友"的程度大小，由此圖可知"小朋友"是一個很模糊的年齡描述，一位七歲的小孩我們可確定他百分之百屬於小朋友；一位四歲的小孩我們可說他百分之七十算是小朋友，其他百分之三時可能說是幼兒；十一歲的小孩則算他百分之五十是小朋友，百分之五十是少年了；十三歲的人我們只能算他是十分之一程度的小朋友(稱他為青少年可能更恰當)。再看看圖 2.2b，它也可以算是"小朋友"的模糊集合，但是這個模糊集合很不模糊，或可說是很明確，因為這個圖的程度曲線是有稜有角的，或者說是很"霸道的"，因為要檢查戶口名簿的小孩出生紀錄，若一位小孩未滿三歲，他就完全不是小朋友，一過了三歲生日他就百分之百是小朋友，但一過了九歲生日，他又百分之百不是小朋友了。

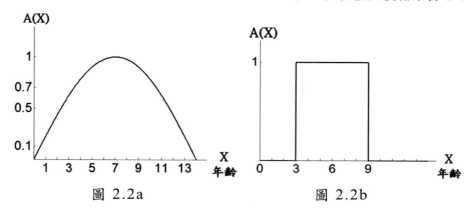

圖 2.2a   圖 2.2b

非常確定的界定是否是小朋友，其實就是明確集合了，所以讀者
應該可以發現明確集合是模糊集合的特殊一種集合，若是其歸屬
函數只有 0 或 1 兩個值而已，則此模糊集合(如圖 2.2b)就是明確
集合了。一般常理，我們是不用如此明確的年齡來界定他們是否
是小朋友的。所以圖 2.2a 表示的模糊集合"小朋友"比圖 2.2b 表
示的明確集合"小朋友"合理且較親切得多。圖 2.2a 又告訴我們，
用歸屬函數繪圖表示一個模糊集合是一個很容易讓人理解的方
法，也是很常用的方法。我們再看一個例子如圖 2.3，由圖中我
們可看出 A 代表受初等教育者的模糊集合，其歸屬函數是離散式
且以"·"表示，B 代表受中等教育者之模糊集合，其歸屬函數是
以"*"表示；C 則表示受高等教育者之模糊集合，其歸屬函數以
"#"表示。更明白的說，學士不能算是受初等教育者，可謂 60%
算高等教育者，而碩士則為 80%算高等教育者；而博士則可算是
100%的高等教育者，而完全不是受初等教育者。

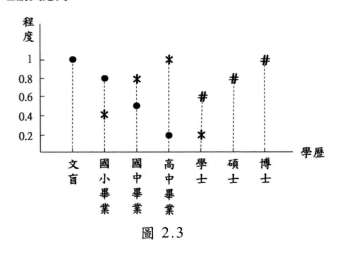

圖 2.3

　　還有一點需要注意的是模糊集合之表示法常會因環境、或描述者主觀意識不同，對同一個集合的描述有一些差別。例如一個模糊集合 H 表示"高溫天氣"，如圖 2.4a 及圖 2.4b，即使在台灣同一縣市，環境相同，也可能因不同描述者的主觀意識不同而給予不同的模糊集合的歸屬度曲線。再看看圖 2.5a 及圖 2.5b，分別表示甲及乙二人對 7 位女生 $a_1,\cdots,a_7$ 做美女之評斷。在圖 2.5a,b 中，a_4 那位美女可能為甲之女友，a_2 可能為乙之女友，因此在自認自己的女友最美的主觀意識下，甲把 a_4 之美女程度定為 1，而乙把 a_2 之美女程度定為 1，有趣的是，甲並不認為 a_2 很美麗(只給 50 分)，乙也不認為 a_1 很漂亮(只給 60 分)。

　　有一件事再給大家提醒，圖 2.5a,b 之模糊集合之橫軸(宇集合)是個別的人，每個人都有其歸屬函數，所以此類模糊集合稱為離散型(discrete)模糊集合。因此圖 2.5b 可以用下式來表示。

$$美女 = 0.4/a_1 + 1/a_2 + 0.8/a_3 + 0.6/a_4 + 0.8/a_5 + 0.4/a_6 + 0.2/a_7, \quad (2.3)$$

來表示(第三章將會更清楚說明模糊集合之表示法)。因此圖 2.2a 及 b，圖 2.4a 及 b 就是連續型模糊集合，因為宇集合的元素是有稠密性的，或是連續的，而且歸屬曲線也是連續的。另外圖 2.3 也是離散型模糊集合。

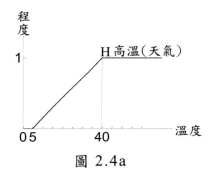

圖 2.4a

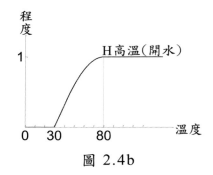

圖 2.4b

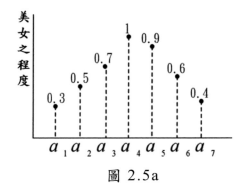

圖 2.5a

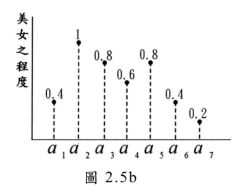

圖 2.5b

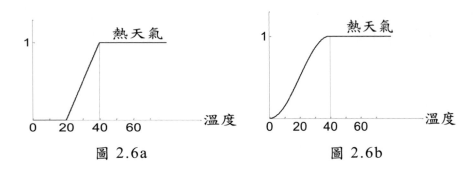

圖 2.6a   圖 2.6b

雖然模糊集合的描述可能會有主觀意識不同而不同，但是一般客觀性大的模糊集合，如"很熱的天氣"，"很冷的水"等等，均很客觀，切不可有顛倒是非之描述，基本之常識與認知還是要維持。如圖 2.6a,b 均為合理；但圖 2.6c 中"熱的天氣"的模糊集合為不合理。

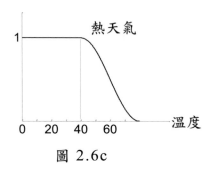

圖 2.6c

　　一般連續型的模糊集合的圖形描述法大約有以下幾種，圖 2.7(a) 為三角形，(b)為墨西哥帽形，(c)為指數形，(d)為三角函數形，及(e)單一形等等

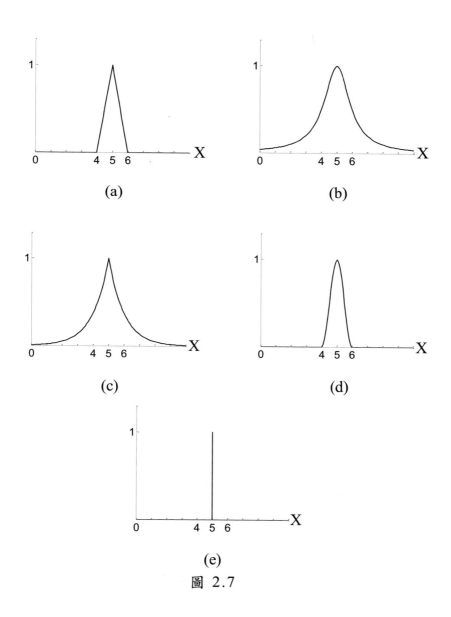

圖 2.7

圖 2.7 表示一個模糊集合"類似 5 之實數"。圖 2.7(a)-(e)可用以下

4 種歸屬函數分別表示之

$$
\text{(a)} \quad A_1(x) = \begin{cases} (x-5)+1, & \text{當 } x \in [4,5] \\ (5-x)+1, & \text{當 } x \in [5,6] \\ 0 & \text{, 其他} \end{cases} ;
$$

$$
\text{(b)} \quad A_2(x) = \frac{1}{1+p_2(x-5)^2} ;
$$

$$
\text{(c)} \quad A_3(x) = \exp\left\{-\left|p_3(x-5)\right|\right\} ;
$$

$$
\text{(d)} \quad A_4(x) = \begin{cases} \dfrac{(1+\cos(p_4\pi(x-5)))}{2}, & \text{當 } x \in [5-\dfrac{1}{p_4}, 5+\dfrac{1}{p_4}] \\ 0 & \text{, 其他} \end{cases} .
$$

以上 p_i 表示函數曲線上升率或下降率之參數。

$$
(e) \quad A_5(x) = \begin{cases} 1, & x=5 \\ 0, & x \neq 5 \end{cases} .
$$

圖 2.7(e) 表示一個特殊的模糊集合，一般稱為模糊單值 （singleton），其實就是明確值 $x=5$。

2.4 模糊集合之相關函數

在本節中我們將介紹一些模糊集合之相關函數。下面圖 2.8 將有助於我們的說明。

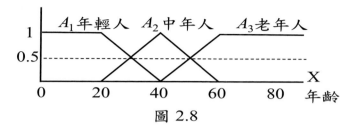

圖 2.8

圖 2.8 表示人類的年齡的模糊集合，有三種年齡層，年輕人、中年人、及老年人，他們的表示法分別如下；

$$A_1(x) = \begin{cases} 1, & x \le 20 \\ \dfrac{40-x}{20}, & 20 < x < 40 \\ 0, & x \ge 40 \end{cases} ;$$

$$A_2(x) = \begin{cases} 0, & x \le 20 \ 或 \ x \ge 60 \\ \dfrac{x-20}{20}, & 20 < x < 40 \\ \dfrac{60-x}{20}, & 40 \le x < 60 \end{cases} ;$$

$$A_3(x) = \begin{cases} 0, & x \le 40 \\ \dfrac{x-40}{20}, & 40 < x < 60 \\ 1, & x \ge 60 \end{cases} .$$

其中 $x \in X = [0,100]$。

　　接下來介紹一些專有名詞，對於任一個連續型或離散型模糊集合 A，有以下一些相關函數。α-截集(α-cut)以 $^{\alpha}A$ 表示，及 α-強截集(strong α-cut)以 $^{\alpha^+}A$ 表示，

$$^{\alpha}A = \{x \mid A(x) \geq \alpha\}, \tag{2.4}$$

$$^{\alpha+}A = \{x \mid A(x) > \alpha\}. \tag{2.5}$$

在此特別提醒一下讀者，(2.4)式中 $^{\alpha}A$ 是一個"明確集合（crisp set）"，換句話說: $^{\alpha}A$ 是指宇集合 X 中元素 x 之歸屬度 $A(x)$ 大於或等於 α 之所有 x 所成的集合。$^{\alpha+}A$ 即指那些 x 之歸屬度 $A(x)$ 大於 α 所組成的明確集合。再用圖 2.8 之 A_1, A_2 及 A_3 三個模糊集合舉例，當 $\alpha = 0.5$ 時

$$^{0.5+}A_1 = \{x \mid 0 \leq x < 30\}$$
$$^{0.5+}A_2 = \{x \mid 30 < x < 50\}$$
$$^{0.5+}A_3 = \{x \mid 50 < x \leq 100\}$$

當 $\alpha = 0$ 時

$$^{0}A_1 = {}^{0}A_2 = {}^{0}A_3 = [0, 100] = X \text{ (宇集合)},$$
$$^{0+}A_1 = \{x \mid 0 \leq x < 40\},$$
$$^{0+}A_2 = \{x \mid 20 < x < 60\},$$
$$^{0+}A_3 = \{x \mid 40 < x \leq 100\}.$$

補充一下，^{0+}A 表示模糊集合 A 之 0−強截集，也有另一個名詞叫 A 之"支集(support)"[6]，但作者以為"底集"之中文名稱更為妥當，本書以下均以"底集"稱呼 support。

當 $\alpha = 1$ 時，$^{1}A = \{x \mid A(x) = 1\}$。若 A 是一個對稱三角形的模糊集合如圖 2.8 之 A_2，其 $^{1}A_2$ 稱為模糊集合 A_2 之核(core)，也就是

$^1A_2$={40}。若 A 是一個梯形的模糊集合如圖 2.8 之 A_1 或 A_3，其 $^1A_1$ 或 $^1A_3$ 不只一個 x，則這兩者的"核"將取於剛上升至 1 或從 1 剛要下降的轉折點處的 x，也就是 $^1A_1$={20} 或 $^1A_3$={60}。若對於一個對稱梯形的模糊集合 A_4，其核定義為 $^1A_4$ 之平均值即 x=30，如圖 2.9 所示。

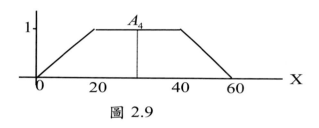

圖 2.9

另外 $h(A)$ 被定義為模糊集合之高度(height)，即

$$h(A) = \max_{x \in X} A(x), \tag{2.6}$$

圖 2.8 中 $h(A_1) = h(A_2) = h(A_3) = 1$。也就是說在全集合 X 中，某一 x 很明顯的在模糊集合 A 之歸屬度為最大，其值 $A(x)$ 即是該模糊集合 A 之高度。當一個模糊集合 A 之高度 $h(A) = 1$，即稱 A 為正規(normal)模糊集合。當一個模糊集合 A 之歸屬函數滿足(2.7)式時

$$A(\lambda x_1 + (1-\lambda)x_2) \geq \min(A(x_1), A(x_2)), \tag{2.7}$$

我們稱此模糊集合是一個"凸形集合(convex set)"，其中 $\lambda \in [0,1]$。(2.7)式的意思是任意取出宇集合中的任兩點 x_1 和 x_2，

介於 x_1, x_2 兩點之間的任何一點 x_k，必然有一數 $\lambda \in [0,1]$，使得此 $x_k = \lambda x_1 + (1-\lambda)x_2$，且其歸屬度 $A(x_k)$ 必然大於 $A(x_1)$ 與 $A(x_2)$ 二者中之較小者。

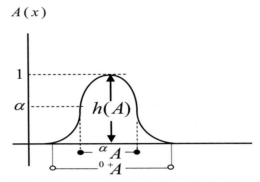

圖 2.10a　正規且凸形之模糊集合

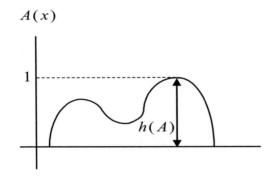

圖 2.10b　正規但非凸形之模糊集合

在圖 2.10a 中，可見該模糊集合為凸型集合；在圖 2.10b 中，(2.7)就不滿足了，可見該模糊集合不為凸型集合。但是圖 2.10a 及圖 2.10b 均為正規(normal)的。圖 2.10a 及圖 2.10b 中，我們也畫出底集(^{0+}A)、α-截集($^{\alpha}A$)、及高度($h(A)$)。

另外我們把模糊集合 A 中 $\alpha-$截集之所有 α 集中所成的集合叫做該模糊集合之"位階集合(level set)"，常以 $\Lambda(A)$ 表示，如圖 2.8 中 $\Lambda(A_1) = \Lambda(A_2) = \Lambda(A_3) = [0, 1]$，以式子表示為

$$\Lambda(A) = \left\{ \alpha \big| A(x) = \alpha, 對任何\ x \in X \right\}。$$

又如圖 2.5b 中，$\Lambda(美女) = \left\{ 0.2, 0.4, 0.6, 0.8, 1 \right\}$。對任何離散式之模糊集合 A，其宇集合 X 為有限的，我們定義

$$|A| = \sum_{x \in X} A(x), \tag{2.8}$$

叫做"純基數(scalar cardinality)"，如圖 2.5b 中。

$$|美女| = 0.4 + 1 + 0.8 + 0.6 + 0.8 + 0.4 + 0.2 = 4.2.$$

2.5 本章總結

在本章中，我們複習了明確集合的定義及基本性質，因此帶出了模糊集合之定義的介紹，以及其基本型態及相關函數也被提出，讀者可能會有一個疑問，似乎模糊集合與明確集合關係不大，其實關係很密切，許多明確集合的定義、性質、定理都將被延伸至模糊集合中，下一章將有更清楚的說明。

習題

2.1. 模糊集合與明確集合最明顯之不同為何?

2.2. 模糊集合之歸屬度代表什麼意義?

2.3. 連續型模糊集合與離散型模糊集合有何不同?

2.4. 什麼叫 $\alpha-$ 截集，$\alpha-$ 強截集？它們是明確集合或模糊集合?理由為何?

2.5. 如何定義一個模糊集合之高度、純基數、凸形及正規性?

2.6. 試舉出一些日常生活中之模糊集合的例子。

2.7. 以下是幾個離散型模糊集合的歸屬函數，試計算下列模糊集合之高度及純基數，又哪些模糊集合是凸型的?哪些是正規的?

(a) $A = \dfrac{0}{a} + \dfrac{0.1}{b} + \dfrac{0.5}{c} + \dfrac{0.8}{d} + \dfrac{1}{e} + \dfrac{0.7}{f} + \dfrac{0.3}{g} + \dfrac{0}{h}$

(b) $B = \dfrac{1}{\alpha} + \dfrac{1}{\beta} + \dfrac{1}{\gamma}$

(c) $C(x) = \dfrac{x}{x+2}$ ，其中 $x \in \{0, 1, 2, \cdots, 10\} = X$ 。

2.8. 同第 2.7 題，當 $\alpha = 0.6$ 時，$^{\alpha}A$、$^{\alpha}B$、$^{\alpha}C$ 各為何?

第 三 章

模 糊 集 合
之 運 算

3.1 模糊集合之標準運算

在中學所學習的明確集合中,大家都知道有三種集合運算,補集(complement)、交集(intersection) 及聯集(union)。在模糊集合裡當然也有類似的運算,也稱為: 補集(complement)、交集(intersection) 及聯集(union)。但是模糊集合的運算定義就與明確集合的運算定義很不一樣了。

對任何二個定義在宇集合 X 上之模糊集合 A 與 B。$\overline{A}$ 表示"A 之標準補集合(standard complement)",也就是

$$\overline{A}(x) = 1 - A(x),\qquad\qquad(3.1)$$

使得 $\overline{A}(x) = A(x)$ 成立之 x 叫作模糊集合 A 之宇集合中之平衡點(equilibrium points),如圖 3.1 滿足(3.1)式之模糊集合 A 之平衡點為 $\hat{x}_1$ 及 $\hat{x}_2$。

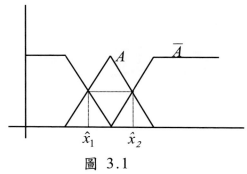

圖 3.1

$A \cap B$ 若以 (3.2) 式表示,叫做"A 與 B 之標準交集(standard intersection)"

$$(A \cap B)(x) = \min(A(x), B(x)). \tag{3.2}$$

同理，$A \cup B$ 若以 (3.3) 式表示，叫做 "A 與 B 之標準聯集 (standard union)"

$$(A \cup B)(x) = \max(A(x), B(x)). \tag{3.3}$$

事實上，模糊集合之補集合、交集及聯集有許多不同的定義，(3.1) 式～(3.3) 式只是較常用之一種我們稱為標準型 (standard) 的，至於其它的定義將在後續內容再一一詳加介紹，針對標準運算，我們有以下定理：

定理 3.1：A 與 B 為以 X 為宇集合之兩正規凸形模糊集合，有兩個介於 0 與 1 之實數即 $\alpha, \beta \in [0,1]$，則

(i)　　$^{\alpha+}A \subset {}^{\alpha}A$；

(ii)　$\alpha \le \beta \Rightarrow {}^{\alpha}A \supset {}^{\beta}A$ 及 $^{\alpha+}A \supset {}^{\beta+}A$；

(iii)　$^{\alpha}(A \cap B) = {}^{\alpha}A \cap {}^{\alpha}B$ 及 $^{\alpha}(A \cup B) = {}^{\alpha}A \cup {}^{\alpha}B$；

(iv)　$^{\alpha+}(A \cap B) = {}^{\alpha+}A \cap {}^{\alpha+}B$ 及 $^{\alpha+}(A \cup B) = {}^{\alpha+}A \cup {}^{\alpha+}B$；

(v)　　$^{\alpha}(\overline{A}) = \overline{{}^{(1-\alpha)+}A}$.　　　　　　　　　　□

証明：參考原文書 [1] 第 35 頁。
在此我們以圖形來說明以加深讀者之印象。

(i) 及 (ii) 請見圖 3.2a 及圖 3.2b。

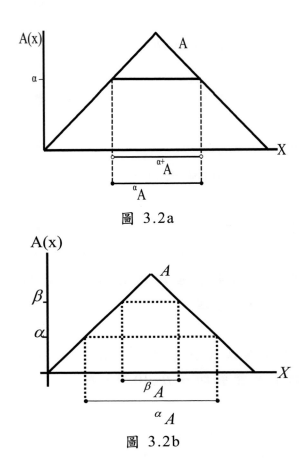

圖 3.2a

圖 3.2b

(iii)及(iv)請見圖 3.3

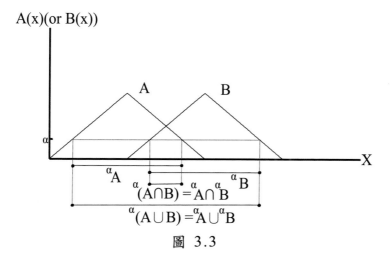

圖 3.3

在圖 3.2b 及圖 3.3 中只要把 $^{\alpha}A$ 之實點改為虛端點即可代表 $^{\alpha+}A$ 了，因為 $^{\alpha}A = \left\{ x \,\middle|\, A(x) \geq \alpha \right\}$，但 $^{\alpha+}A = \left\{ x \,\middle|\, A(x) > \alpha \right\}$。

(v) 用圖 3.4 來說明

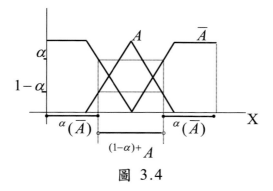

圖 3.4

注意：(v)中之 $^{\alpha}(\overline{A})$ 是一個明確集合(先補集合後再α−截集，等號右邊是先 $(1-\alpha)$−強截集後再補集合)。另外

$$^{\alpha}(\overline{A}) \neq \overline{^{\alpha}A} \quad \text{且} \quad (^{\alpha+}\overline{A}) \neq \overline{^{\alpha+}A}, \tag{3.4}$$

讀者可自行畫圖檢查(3.4)式看看。

　　以下介紹一個極限觀念，sup 及 inf，這兩個觀念在模糊集合領域常被用到，其他許多領域也常可見到。sup 是英文 Supremum 之簡寫，代表最小上界；有個相對代號 inf 是 Infimum 之簡寫，代表最大下界。它們和 max 與 min 有些許不同，例如：$\max\limits_{x \geq 0} \dfrac{1}{1+x} = 1$，但 $\max\limits_{x > 0} \dfrac{1}{1+x}$ 即無解了。因為當 $x > 0 (x \neq 0)$時我們無法找到一個確切的值來代表 $\max\limits_{x>0} \dfrac{1}{1+x}$。(無論你找多小的 x，(如 $x = 1 \times 10^{-10}$)，一定有更小的 x (如 $x = 1 \times 10^{-11}$)。但若改為 $\sup\limits_{x>0} \dfrac{1}{1+x}$ 就有解了，其解為 1，即

$$\sup\limits_{x>0} \dfrac{1}{1+x} = \sup\limits_{x \geq 0} \dfrac{1}{1+x} = 1,$$

其意義即為 1 是 $\dfrac{1}{1+x}$ 之最小上界，你無法找到比 1 小又大於 $\dfrac{1}{1+x}$ (當 $x > 0$)之值了。隱約中可看出 $\sup f(x)$ 有 "limit+max"之意義在內，而 max 則無 limit 的意思。同理 $\min\limits_{x \geq 0}(x-1) = -1$，但 $\min\limits_{x > 0}(x-1)$ 則為無解。可是 $\inf\limits_{x>0}(x-1) = \inf\limits_{x \geq 0}(x-1) = -1$。因此可看出 $\inf f(x)$ 有 "limit+min"之意義在內，而 min 則無 limit 的意思。但若所有 x 是有限個數的時候，$\sup\limits_{x} f(x) = \max\limits_{x} f(x)$，同理

$\inf_x f(x) = \min_x f(x)$。

　　以上 sup 及 inf 在模糊集合應用上，可發現有一個有趣的例子如下：

例 3.1：有一組無限多個模糊集合 A_i 定義如下

$$A_i(x) = 1 - \frac{1}{i+1}, x \in X, i \text{ 是自然數} \tag{3.5}$$

則

$$(\bigcup_i A_i)(x) = \sup_i A_i(x) = \sup_i(1 - \frac{1}{i+1}) = 1.$$

即 $\bigcup_i A_i$ 表示無限多個 A_i 聯集起來，是一個歸屬度皆為 1 之明確集合。當 $\alpha = 1$ 時

$$^1(\bigcup_i A_i) = X = 宇集合$$

然而對 (3.5) 的模糊集合 A_i 而言，它的 $1-\text{cut}$，$^1A_i = \phi$（因 $1 - \frac{1}{i+1} < 1$），所以

$$\bigcup_i {}^1A_i = \bigcup_i \phi = \phi \neq X = {}^1(\bigcup_i A_i). \tag{3.6}$$

本例子說明當有一個"很特殊"的模糊集合如 (3.5) 式所示，我們就有以下的集合關係。

$$\bigcup_{i\in I}{}^{\alpha}A_i\subset{}^{\alpha}(\bigcup_{i\in I}A_i) \quad 且 \quad \bigcap_{i\in I}{}^{\alpha}A_i={}^{\alpha}(\bigcap_{i\in I}A_i). \tag{3.7}$$

(3.7)式之前式用"⊂"與後式用"="不同，可由(3.6)來看出了。又有一個定理給讀者參考。

定理 3.2：A 與 B 為二個定義在宇集合 X 上之正規凸形模糊集合，$\alpha\in[0,1]$

(i)　$A\subset B\Leftrightarrow{}^{\alpha}A\subset{}^{\alpha}B;\quad A\subset B\Leftrightarrow{}^{\alpha+}A\subset{}^{\alpha+}B;$

(ii)　$A=B\Leftrightarrow{}^{\alpha}A={}^{\alpha}B;\quad A=B\Leftrightarrow{}^{\alpha+}A={}^{\alpha+}B.$　　　□

定理 3.2 之(i)可由圖 3.5 表示，即 A 完全被 B 蓋住。

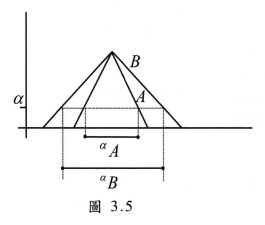

圖 3.5

而(ii)則表示 A 與 B 完全重合。

3.2 分解定理(Decomposition Theorem)

第二章中定義過離散型模糊集合，其表示法如(3.8a)式

$$A = 0.2/x_1 + 0.4/x_2 + 0.6/x_3 + 0.8/x_4 + 1/x_5 \quad , \tag{3.8a}$$

或是

$$A = \frac{0.2}{x_1} + \frac{0.4}{x_2} + \frac{0.6}{x_3} + \frac{0.8}{x_4} + \frac{1}{x_5} . \tag{3.8b}$$

其實有些相關文獻也有如下的表示法，

$$A = \{0.2/x_1, 0.4/x_2, 0.6/x_3, 0.8/x_4, 1/x_5\} \quad . \tag{3.8c}$$

以上三種分別都是表示一個離散模糊集合 A 定義在宇集合 $X = \{x_1, x_2, x_3, x_4, x_5\}$ 上，而分子部分的小數表示其歸屬度。為了前後連貫性，在本書中我們習慣使用(3.8a)式之形式來表示離散模糊集合。而連續型模糊集合就由其歸屬函數來表示之，如 2.4 節所述。

根據一個模糊集合的 $\alpha-$ 截集 $^\alpha A \underline{\triangle} \{x \mid A(x) \geq \alpha\}$，我們衍伸出一個模糊集合叫 $_\alpha A$，我給它一個名稱叫 $\alpha-$ 階梯($\alpha-$stage)，它的定義如下

$$_\alpha A(x) \underline{\triangle} \alpha \cdot ^\alpha A(x), \tag{3.9}$$

如(3.8a)式中，當 $\alpha = 0.6$ 時，

$_\alpha A = 0/x_1 + 0/x_2 + 0.6/x_3 + 0.6/x_4 + 0.6/x_5$。利用圖 3.6 可更易於了解(3.9)式的意義。

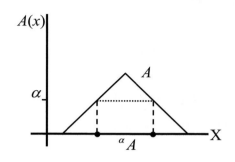

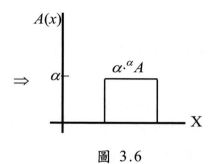

圖 3.6

利用以上模糊集合 $_\alpha A$ 之定義，我們列出以下幾個定理：

定理 3.3 (第一分解定理 first decomposition theorem)：對任一個模糊集合 A 定義在宇集合 X 上，則

$$A = \bigcup_{\alpha \in [0,1]} {}_\alpha A, \tag{3.10}$$

$\square$

上式中 $\cup$ 代表模糊集合之標準聯集。証明可見於[1]之 41 頁。

在此我們以畫圖說明如下

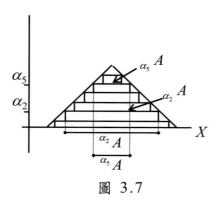

圖 3.7

圖 3.7 中，我們可看出任一個模糊集合 A 可由多個 $_{\alpha_i}A$(可把 $_{\alpha_i}A$ 看成一段 α_i 高之階梯)層層相疊(聯集)而成，α_i 愈多愈相像模糊集合 A。當有無限多 $_{\alpha_i}A$ 聯集(階梯相疊)時，即是(3.10)式了。

(第二分解定理可參考[1]第 41 頁，本書省略)。

定理 3.4 (第三分解定理，third decomposition theorem)：對任一個模糊集合 A 定義在宇集合 X 上，

$$A = \bigcup_{\alpha \in \Lambda(A)} \alpha A, \tag{3.11}$$

其中 $\Lambda(A) = \left\{ \alpha \mid A(x) = \alpha, 對某些 x \in X \right\}$。 □

定理 3.4 是用在一個離散模糊集合上，亦即在(3.11)式中之 α 為

有限個數時，這是與定理 3.3 不一樣的地方。再用圖 3.8 之階梯式模糊集合 B 來說明吧。

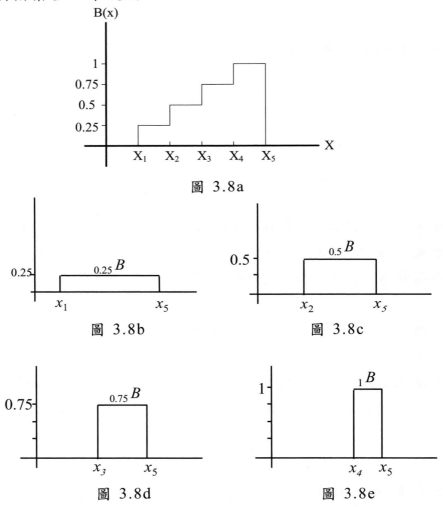

圖 3.8a

圖 3.8b

圖 3.8c

圖 3.8d

圖 3.8e

在圖 3.8a 之模糊集合 B 中，$\Lambda(B)=\{0,0.25,0.5,0.75,1\}$，很明顯的

$$B = (_0B) \cup (_{0.25}B) \cup (_{0.5}B) \cup (_{0.75}B) \cup (_1B).$$

3.3 延伸原理(Extension Principle)

　　模糊集合其實也跨足函數領域，此節將介紹此理論。若一個函數定義如下

$$f : X \rightarrow Y,$$

定義域為 X，值域為 Y，也就是 $f(x) = y, x \in X, y \in Y$。此函數應用在模糊集合領域中，是如下定義的：此函數之定義域不再為明確集合 X 而是一個模糊集合 A，其元素定義在宇集合 X 上，經過 f 函數映射後也是一個模糊集合令其為 B，其元素定義在宇集合 Y 上。則以下定理就產生了，稱為延伸原理(extension principle)。

定理 3.5 (延伸原理)：一個函數 $f : X \rightarrow Y$ 被延伸到 $f : A \rightarrow B$，其中 A 與 B 均為模糊集合，而且相互關係如下：

$$B(y) = (f(A))(y) \underset{x \mid y = f(x)}{\triangleq \sup} A(x). \qquad (3.12)$$

□

上式中 $\underset{x \mid y = f(x)}{\sup} A(x)$ 表示對固定的 y，所有 x 使得 $f(x) = y$ 對應之歸屬函數 $A(x)$ 之最小上界(最大)值。舉個例子如下，可以增加讀者的理解。

例 3.2：有一個函數 $f(x) = 4x^2 = y$，$x \in X = \{-1, 1, -2, 2\}$，

$y \in Y = \{4, 16\}$。現有模糊集合

$$A = \frac{0.4}{-1} + \frac{0.6}{1} + \frac{0.5}{-2} + \frac{1}{2},$$

則

$$f(A) = \frac{0.6}{4} + \frac{1}{16} = B. \tag{3.13}$$

在此例中,因為是有限離散模糊集合,所以可把 sup 看成 max

$$B(4) = \max_{x|4=f(x)} A(x) = \max(A(1), A(-1)) = \max(0.4, 0.6) = 0.6,$$

而

$$B(16) = \max_{x|16=f(x)} A(x) = \max(A(2), A(-2)) = \max(0.5, 1) = 1,$$

所以有 (3.13) 式之結果。另外圖 3.9 是模糊集合 A_1 與 A_2 經一個連續函數 $f(x)$ 映射到模糊集合 B_1 及 B_2 之圖例。而圖 3.10 則是離散模糊集合經過離散函數 $g(x)$ 之映射情形。

定理 3.6:一個函數 $f: X \to Y$,A_i 是一個模糊集合定義在宇集合 X 上,B_i 也是一個模糊集合定義在宇集合 Y 上,則延伸原理可衍伸出以下幾個性質

(i) $A_i = \phi \Leftrightarrow f(A_i) = \phi$;

(ii) $A_1 \subset A_2 \Rightarrow f(A_1) \subset f(A_2)$;

(iii) $f(\bigcup_i A_i) = \bigcup_i f(A_i)$;

(iv) $f(\bigcap_i A_i) \subset \bigcap_i f(A_i).$ □

本書對此証明全部省略。有興趣的讀者可參考[1]或自行練習。

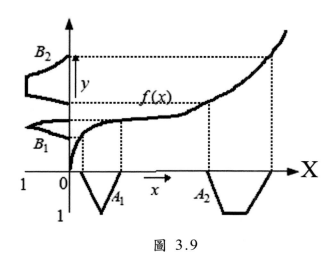

圖 3.9

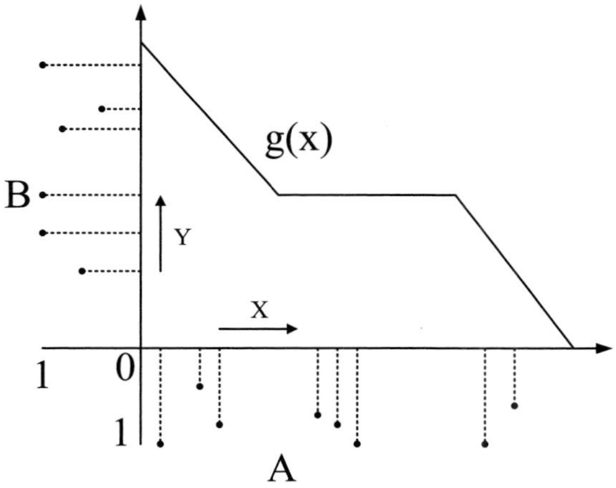

圖 3.10

3.4 非標準運算

　　事實上，在模糊集合論裡"標準運算"並不是唯一的運算，換句話說，補集、交集、聯集之運算方法有許多不同的定義，"標準運算"只不過是較常用的一種而已。對 $\overline{A}$，$A \cap B$，$A \cup B$ 其他多種非標準運算方法之定義，將在以下兩節逐一介紹。

　　在一般書及文獻上對模糊交集(fuzzy intersection)有一種通稱為 t-基準(t-norm)，而對模糊聯集(fuzzy union)通稱 s-基準(s-norm)或 t-反基(t-conorm)。

3.4.1 模糊補集

　　一個模糊集合是定義在宇集合 X 上，而 $A(x)$ 代表"一個元素 $x \in X$ 屬於 A 之程度"。現在我們用符號 $c(A)$(或 A^c)代表模糊集合 A 的補集合，$c(A)(x)$(或 $A^c(x)$)可看作"x 屬於 A^c 之程度"或是 "x 不屬於 A 之程度"。不要忘了，$c(A)$ 仍是模糊集合，其歸屬函數當然滿足

$$0 \leq c(A(x)) \leq 1. \tag{3.14}$$

除了標準補集(3.1)以外尚有以下幾種非表標準式的補集。
(1) 門檻式：

$$c(A(x)) = \begin{cases} 1, & \text{當 } A(x) \leq l \\ 0, & \text{當 } A(x) > l \end{cases} \tag{3.15}$$

其中 $l \in [0, 1)$，l 稱為門檻(Threshold)。若假設 $A(x)$ 是三角形，則圖 3.11 呈現(3.15)的結果，其中 $z = A(x)$.

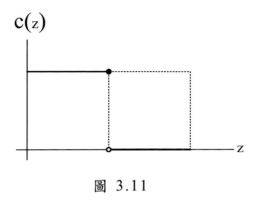

圖 3.11

(2) Sugeno 式：由日本教授 Sugeno 提出，定義如下

$$c(A(x))_s = \frac{1 - A(x)}{1 + sA(x)} \quad , \tag{3.16}$$

其中下標 $s \in (-1, \infty)$ 也可表示 Sugeno 模式的意思，假設 $A(x)$ 是三角形，則圖 3.12 呈現(3.16)的結果。

(3) Yager 式：由美國教授 Yager 提出，定義如下

$$c(A(x))_y = (1 - A(x)^y)^{1/y}, \tag{3.17}$$

其中下標 $y \in (0, \infty)$ 也可以表示 Yager 模式的意思。若假設 $A(x)$ 是三角形，則圖 3.13 呈現(3.17)的結果。

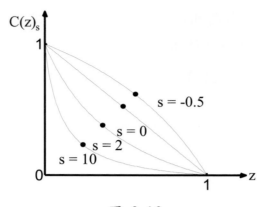

圖 3.12

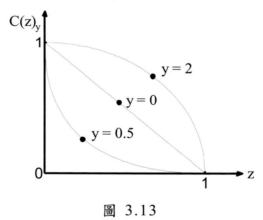

圖 3.13

當 $c(A(x)) = A(x)$ ， 此 $A(x)$ 即 為 補 集 函 數 之 "平 衡 點 (equilibrium)"。如 (3.1) 補集函數之平衡點可由下式求得

$$c(A(x)) = 1 - A(x) = A(x) \Rightarrow A(x) = \frac{1}{2} \tag{3.18}$$

請注意:在 (3.18) 式中所談的是補集之歸屬度平衡點，在 (3.1) 式下一行，談的是模糊集合 A 的宇集合中的平衡點，雖然都

稱為平衡點，但對象是不一樣的。

在門檻式補集合中 (3.15)，當 $l \in (0, 1)$ 時沒有歸屬度平衡點。在 (3.16) 式中，假設 $s = 1$ 時，平衡點可由下式求出

$$\frac{1 - A(x)}{1 + A(x)} = A(x) \Rightarrow A(x) = \sqrt{2} - 1 \quad 為平衡點$$

至於 (3.17) 式之平衡點，讀者可自行練習求求看。下面有兩個重要的定理：

定理 3.7[1]：每一個模糊補集最多只有一個歸屬度平衡點。也可能根本就沒有 (如 (3.15) 式)。　　　　　　　　　　□

定理 3.8{1}：一個連續之補集函數，有唯一的歸屬度平衡點。
　　　　　　　　　　　　　　　　　　　　　　　　□

以上兩個定理之証明可參考 [1] 中第 57～58 頁。

注意：若是不連續的補集函數，有可能根本就沒有平衡點。(如 (3.15) 式)。

3.4.2 模糊交集 (t-範數；t-norm)

有兩個模糊集合 A 及 B 皆定義在宇集合 X 上

$$(A \cap B)(x) = t(A(x), B(x)), \, x \in X, \tag{3.19}$$

上式稱為 A 與 B 之交集或 A 與 B 之 t–範數(t-norm)。在 3.1 節所提及之 $A \cap B$ 之"標準運算"或現在(3.19)只是 t-範數之一種，其它之 t-範數運算(或稱為"模糊交集")定義仍有許多。我們在此用 $t(p, q)$ 代表 p 與 q 之 t-範數或 $p \cap q$，其中 p 及 q 為某兩個模糊集合之歸屬函數(如 $A(x)$，$B(x)$)，因此 $0 \leq p, q \leq 1$ 是必然的。接著我們舉出幾種常用的模糊交集運算定義如下：

標準交集(standard intersection)：$t(p, q) = \min(p, q)$；　　(3.20)

代數乘積(algebraic product)：$t(p, q) = p \cdot q$；　　　　　　(3.21)

邊界差異(bounded difference)：$t(p, q) = \max(0, p+q-1)$；

(3.22)

極端交集(drastic intersection)：$t(p, q) = \begin{cases} p, \ \text{當} \ q = 1 \\ q, \ \text{當} \ p = 1 \\ 0, \ \text{其他} \end{cases}$.　(3.23)

注意：(3.20)～(3.23)之大小有以下關係

$$(3.23) \leq (3.22) \leq (3.21) \leq (3.20). \qquad (3.24)$$

讀者可以舉例兩個模糊集合，分別作以上四種運算，很容易就知道(3.24) 的關係，如下例。其實有不少作者亦提出了其它不同定義之模糊交集，如 [2]~[5].

例 3.3：有兩個模糊集合 A 及 B 如下：

$$A = \frac{0.4}{0} + \frac{0.6}{1} + \frac{0.8}{2} + \frac{1}{3}，及\quad B = \frac{1}{0} + \frac{0.8}{1} + \frac{0.6}{2} + \frac{0.4}{3}.$$

(a) 用標準交集： $A \cap B = \frac{0.4}{0} + \frac{0.6}{1} + \frac{0.6}{2} + \frac{0.4}{3}$ ；

(b) 用 (3.21) 式： $t(A,B) = \frac{0.4}{0} + \frac{0.48}{1} + \frac{0.48}{2} + \frac{0.4}{3}$ ；

(c) 用 (3.22) 式： $t(A,B) = \frac{0.4}{0} + \frac{0.4}{1} + \frac{0.4}{2} + \frac{0.4}{3}$ ；

(d) 用 (3.23) 式： $t(A,B) = \frac{0.4}{0} + \frac{0}{1} + \frac{0}{2} + \frac{0.4}{3}$ 。

由以上結果，可以驗證 (3.24) 是滿足的。

3.4.3 模糊聯集(s-範數(s-norm 或 t-conorm))

兩個模糊集合 A 及 B 皆定義在宇集合 X 上

$$(A \cup B)(x) = s(A(x), B(x)), \ x \in X, \tag{3.25}$$

(3.25) 式稱為 A 與 B 之聯集或 A 與 B 之 s-範數。在 3.1 節所提及之 $(A \cup B)(x) = \max(A(x), B(x))$ 乃模糊聯集之"標準運算"或現在 (3.25) 只是 s-範數之一種，其它之 s-範數運算(或稱為"模糊聯集")定義仍有許多。我們在此用 $s(p,q)$ 代表 p 與 q 之 s-範數或 $p \cup q$，其中 p 及 q 為某兩個模糊集合之歸屬函數(如

$A(x)$，$B(x)$)。我們舉出幾種常用的模糊聯集如下：

標準聯集 (standard union)：$s(p,q) = max(p,q)$ ；　　　　　(3.26)

代數加法 (algebraic sum)：$s(p,q) = p+q-p \cdot q$ ；　　　　(3.27)

邊界加法 (bounded sum)：$s(p,q) = \min(1, p+q)$ ；　　　　(3.28)

極端聯集 (drastic union)：$s(p,q) = \begin{cases} p, \ 當\ q=0 \\ q, \ 當\ p=0 \\ 1, \ 其他 \end{cases}$.　　(3.29)

注意：(3.26)～(3.29) 可看出有以下關係

$$(3.26) \leq (3.27) \leq (3.28) \leq (3.29) \tag{3.30}$$

另外在一些文獻如 [2]~[4] 也提出了其它不同定義的 s-範數，讀者可以自行參考。

例 3.4：同上個之模糊交集之例子的模糊集合 A 及 B

$$A = {0.4}/{0} + {0.6}/{1} + {0.8}/{2} + {1}/{3} \text{，及 } B = {1}/{0} + {0.8}/{1} + {0.6}/{2} + {0.4}/{3} 。$$

(a) 用標準聯集 (3.26) 式：$A \cup B = {1}/{0} + {0.8}/{1} + {0.8}/{2} + {1}/{3}$ ；

(b) 用 (3.27) 式：$s(A,B) = {1}/{0} + {0.92}/{1} + {0.92}/{2} + {1}/{3}$ ；

(c) 用(3.28)式：$s(A,B) = \dfrac{1}{0} + \dfrac{1}{1} + \dfrac{1}{2} + \dfrac{1}{3}$；

(d) 用(3.29)式：$s(A,B) = \dfrac{1}{0} + \dfrac{1}{1} + \dfrac{1}{2} + \dfrac{1}{3}$.

以上運算也可以驗證(3.30)是否滿足。

3.4.4 混合運算

在明確集合交集與聯集運算中，笛摩根定理相信大家都不陌生

$$笛摩根定理 \begin{cases} \overline{A \cap B} = \bar{A} \cup \bar{B} \\ \overline{A \cup B} = \bar{A} \cap \bar{B} \end{cases} \tag{3.31}$$

是否模糊集合之任何補集，任何 t-範數(模糊交集)及任何 s-範數（模糊聯集）也滿足笛摩根定理呢？答案是:不盡然。模糊集合之笛摩根定理(3.31)應改寫如下：

$$c(t(p, q)) = s(c(p), c(q)), \tag{3.32a}$$

且

$$c(s(p, q)) = t(c(p), c(q)). \tag{3.32b}$$

滿足(3.32a,b)之補集、t-範數及 s-範數之定義，我們稱為"匹配三人組(dual triple)"。

定理 3.9：下列各組三種運算(補集、t-範數、s-範數)均滿足模糊集合之笛摩根定理(3.32a, b)，也就是匹配三人組。

(i)　{(3.1)，(3.2)，(3.3)}；

(ii)　{(3.1)，(3.21)，(3.27)}；

(iii)　{(3.1)，(3.22)，(3.28)}；

(iv)　{(3.1)，(3.23)，(3.29)}.　　　　　　□

証明：我們只示範証明(i)，其它(ii)、(iii)及(iv)由讀者自行証明看看。

因為都是標準運算，

$$c(min(p,q)) = 1 - min(p,q),\qquad(3.33)$$

及

$$s[(1-p),(1-q)] = max[(1-p),(1-q)],\qquad(3.34)$$

當 $p \geq q$ 時，(3.33) $= 1-q$，又 $1-p \leq 1-q$，則 (3.34) $= 1-q$。當 $p \leq q$ 時，(3.33) $= 1-p$，且同理 (3.34) $= 1-p$。因此(3.32ab)笛摩根定理對(i)而言是滿足的。

注意：在此我們再驗證一件事，是否模糊集合的標準運算滿足第二章 2.2 節所說的一般明確集合的九個基本性質？讀者可以舉一個三角形的模糊集合，用畫圖法很容易就發現那些基本性質除了兩個性質無法滿足外，其他都滿足了。那兩個例外的性質就是矛盾律及排中律，這也是為什麼模糊集合論至今仍被正統集合論研究學者無法完全認同的地方。讀者也可以用除了標準運算以外的其他運算去玩玩，看看是否其他運算也有這種情形？

3.5 本章總結

本章介紹了多種模糊集合之三種運算，補集、交集及聯集，並提出了模糊集合的兩個定理，一為分解定理(decomposition theorem)，另一為延伸定理(extension principle)及其一些相關性質。附帶的也介紹了 sup 及 inf 極限上下界的觀念。另外笛摩根定理在模糊集合中，只有滿足匹配三人組的運算才是成立的。最後我們也提出模糊集合運算與一般明確集合論基本性質有兩個性質是不滿足的，可見模糊集合是否可被承認為傳統集合之一支，仍是尚有爭議的。

習題

3.1. 一個模糊集合 A 如下

$$A = {0.1}/{-4} + {0.2}/{-3} + {0.3}/{-2} + {0.4}/{-1} + {0.5}/{0}$$
$$+ {0.6}/{1} + {0.7}/{2} + {0.8}/{3} + {0.9}/{4} + {1}/{5}$$

有一個函數 $f(x) = x + 1 = y$，
$x \in X = \{-4, -3, -2, -1, 0, 1, 2, 3, 4, 5\}$、
$y \in Y = \{-3, -2, -1, 0, 1, 2, 3, 4, 5, 6\}$，請求出 $[f(A)](y)$。若

$$g(x) = x^2 = z , \quad x \in X , \quad z \in Z = \{0, 1, 4, 9, 16, 25\} , \quad 求 [g(A)](z) 。$$

3.2. 下圖 a 中之模糊集合 A 經下圖 b 之 f 映射後為何種模糊集合？請圖示之。

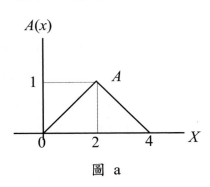
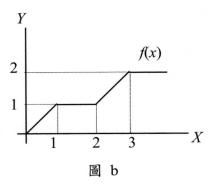

圖 a   圖 b

3.3. 有兩個模糊集合 A 及 B 如下：

$$A = 0.4/a + 0.5/b + 0.6/c + 0.9/d + 1/e \quad 及$$
$$B = 0.7/a + 0.9/b + 1/c + 0.8/d + 0.6/e$$

(a). 請用標準運算求出 $A \cup B$ 及 $A \cap B$.

(b). 請用邊界加法及邊界差異分別求出 $A \cup B$ 及 $A \cap B$.

3.4. 有兩個離散模糊集合

$$A = \frac{0.4}{a} + \frac{0.9}{b} + \frac{1}{c} + \frac{0.7}{d} + \frac{0.5}{e} \quad 及$$
$$B = \frac{0.5}{a} + \frac{0.8}{b} + \frac{1}{c} + \frac{0.6}{d} + \frac{0.3}{e}$$

其宇集合為 $X=\{a, b, c, d, e\}$.

(a). 證明 $|A|+|B|=|A\cup B|+|A\cap B|$，其中 $\cup$ 及 $\cap$ 是標準運算，$|A|$ 是模糊集合 A 的純基數(scalar cardinality)。

(b). ${}^{\alpha}A\cup{}^{\beta}B=?$ 及 ${}^{\alpha}A\cap{}^{\beta}B=?$ 其中 $\alpha=0.4$ 及 $\beta=0.8$.

3.5. 請用延伸定理畫出 $f(A)(y)$，其中 $f(x)=y=\begin{cases} 2, & x\leq 2 \\ 2(x-1), & 其他 \end{cases}$，

及 $A(x)=\begin{cases} x-1, & x\in[1,2] \\ 3-x, & x\in[2,3] \\ 0, & 其他 \end{cases}$.

3.6. 証明定理 3.9 之 (ii)～(iv)。

3.7. 兩個模糊集合 A 及 B 皆定義在宇集合 X 上，

$$A(x)=\begin{cases} x-1, & x\in[1,2] \\ 3-x, & x\in[2,3] \\ 0, & 其它 \end{cases} \quad 且 \quad B(x)=\begin{cases} x-2, & 當\,x\in[2,3] \\ 4-x, & 當\,x\in[3,4] \\ 0, & 其它 \end{cases}.$$

請用 t-範數及 s-範數各種不同定義，分別計算 $A\cap B$、$\overline{A}\cap\overline{B}$、$\overline{A}\cup\overline{B}$ 及 $A\cup B$。

3.8. $U = X \times Y$ 為兩度空間宇集合，X$=\{1,2,3,4\}$ 及
Y$=\{0,1,2,3,4\}$.有兩個模糊集合 $A_1 = \dfrac{0.6}{1} + \dfrac{0.8}{2} + \dfrac{1}{3} + \dfrac{0.6}{4}$ 及
$A_2 = \dfrac{0.5}{0} + \dfrac{0.7}{1} + \dfrac{0.9}{2} + \dfrac{1}{3} + \dfrac{0.4}{4}$ 分別定義於宇集合 X 及 Y.
有一個函數 $f(x,y) = z = x \times y$. 請用延伸定理求出
$B(\text{z}) = (f(A_1, A_2))(\text{z})$.

3.9. 請用分解定理來求出所有階梯 $_\alpha A$ 使得模糊集合 A 可以
被組合起來，其中

$$A = \dfrac{0.2}{-4} + \dfrac{0.2}{-3} + \dfrac{0.4}{-2} + \dfrac{0.4}{-1} + \dfrac{0.7}{0} + \dfrac{0.7}{1} + \dfrac{0.9}{2} + \dfrac{0.9}{3} + \dfrac{1}{4}.$$

第 四 章

模 糊 數 之 算 術

4.1 模糊數(Fuzzy numbers)

　　前幾章均是探討模糊集合，本章起我們將探討一個特別的模糊集合 A，它稱為 "模糊數(fuzzy numbers)"，是定義在實數的宇集合 $X = R$(實數)上，且它至少滿足以下三個性質

　　(i) A 必須是一個正規(normal)且凸形模糊集合；

　　(ii) ^{0+}A(A 之底集)必須是有界的。

滿足以上(i)及(ii)性質之模糊集合，我們即稱為模糊數。為何要有以上兩個性質才叫模糊數呢？我們看個例子就可明白了。

例 4.1：一個模糊集合 A 定義在實數 $X = R$上，若此 A 叫作 "模糊數 3"，則必須滿足 A 是正規的，因在 $x = 3$ 時，$A(3) = 1$(3 必然是歸屬度為 1，不然連 3 本身都不是 100% 的 3，那怎麼可能呢？)。又 A 必然是凸形模糊集合，否則如圖 4.1，1 的歸屬度竟然比 2 還高，也就是說 1 比 2 還靠近 3，這是不合常理的。再來若 ^{0+}A是無窮盡的，如圖 4.2 所示，

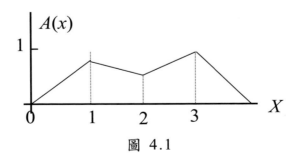

圖 4.1

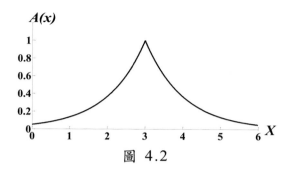

圖 4.2

如此任何與 3 差很遠的數，如 9999 的歸屬度為
$A(9999) = 0.001$ 不太合理，因依常理 9999 已經不能算接近 3
之數了。

因此以上兩個性質 (i) 及 (ii) 是為了使 "模糊數" 定義得更具
算術上之意義而設的。圖 4.3 所示的為多種特殊的模糊數

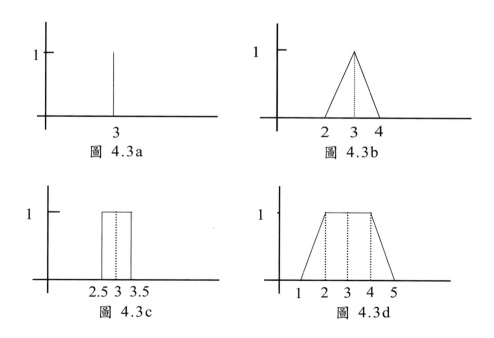

圖 4.3a　　　　　　　圖 4.3b

圖 4.3c　　　　　　　圖 4.3d

其中圖 4.3a 其實就是明確數 3，圖 4.3b 為模糊數 3，圖 4.3c 其實為明確區間 [2.5, 3.5]，圖 4.3d 為模糊數區間 [2, 4]，所以包括平坦區。以上都滿足模糊數 3 的定義。

　　若讀者曾接觸過模糊控制，有一些印象關於口語式之參數 (linguistic variable) "很小"、"小"、"中"、"大"、"很大"。這些參數往往被表示成模糊集合如下圖 4.4。仔細一瞧，圖 4.4 中每個模糊集合其實均是一個模糊數，因性質 (i) 及 (ii) 均滿足。只是若以模糊數的名稱來描述圖 4.4 的四個模糊集合，它們應該改成模糊數 15, 30, 45, 60, 75 更為適當。

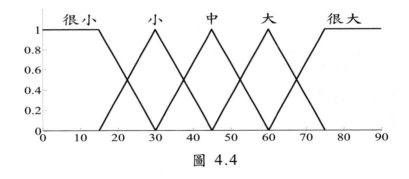

圖 4.4

4.2 區間之算術運算

　　在接下來的章節中，我們要探討模糊數之算術，即加、減、乘、除的運算。但模糊數不同於一般明確數，每一模糊數均牽扯到多個區間，亦即一個模糊數 A，有無限個 $^{\alpha}A$，每個 $^{\alpha}A$ 均是一個區間，因此探討模糊數之算術似乎不能免除得先探討區間之運算。以下我們有時會用符號 * 代表四種算術：加 +、減 −、乘 ×、除 / 中之任一種。若 $[a, b]$ 及 $[d, e]$ 分

別代表實數中兩個區間，則

$$[a, b]+[d, e]=[a+d, b+e],$$
$$[a, b]-[d, e]=[a-e, b-d],$$
$$[a, b]\cdot[d, e]=[\min(ad, ae, bd, be), \max(ad, ae, bd, be)],$$
$$[a, b]/[d, e]$$
$$=[a, b]\cdot[\frac{1}{e}, \frac{1}{d}]$$
$$=[\min(\frac{a}{d}, \frac{a}{e}, \frac{b}{d}, \frac{b}{e}), \max(\frac{a}{d}, \frac{a}{e}, \frac{b}{d}, \frac{b}{e})].$$

注意一： 在區間除法中為了避免分母有零出現，分母的區間不可以跨越正負兩範圍，或簡單說 $0 \notin [d, e]$。

注意二： 區間運算要很小心，因為等號後面的上下界，可能是等號前面的各項的區間之上下界的任何兩個運算的結果，所以必須要謹慎思考，不可衝動就下結論。

再舉一個數字例子如下：

例 4.2：有兩個區間 $[1, 4]$ 及 $[2, 5]$，則

$$[1, 4]+[2, 5]=[3, 9], \qquad [1,4]-[2,5]=[-4,2],$$
$$[1,4]\times[2,5]=[2,20], \qquad [1,4]/[2,5]=[\frac{1}{5}, 2].$$

其中加、減法我們用圖 4.5 來表示。

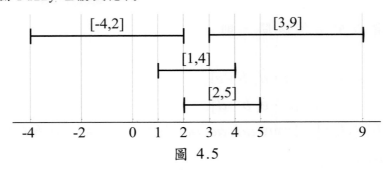

圖 4.5

例 4.3：有兩個區間 [1, 4] 及 [-2, 5]，則

$$[1,4] + [-2,5] = [-1,9], \qquad [1,4] - [-2,5] = [-4,6],$$
$$[1,4] \times [-2,5] = [-8,20]$$
$$[1,4] / [2,5], \ 不可計算，因為分母含有 0.$$

區間的運算有許多性質，茲舉以下數個列出。先定義數個區間如下：$A = [a_1, a_2]$，$B = [b_1, b_2]$，$C = [c_1, c_2]$，$0 = [0, 0]$，$1 = [1, 1]$，則

(i)　　$A + B = B + A,\ A \cdot B = B \cdot A$　（交換性）；

(ii)　 $(A+B)+C = A+(B+C), (A \cdot B) \cdot C = A \cdot (B \cdot C)$　（結合性）；

(iii)　$A = 0 + A = A + 0, \quad A = 1 \cdot A = A \cdot 1$　（單一性）.

4.3 模糊數之算術

　　熟悉了 4.2 節之區間運算，本節開始將介紹模糊數之運算。A 及 B 為兩個模糊數，依 α–截集之定義及宇集合為

R(實數)之前提下，我們定義

$$^{\alpha}(A*B)\underline{\underline{\Delta}}\,^{\alpha}A*\,^{\alpha}B, \tag{4.1}$$

其中 $\alpha \in (0, 1]$，$*$代表 $+, -, \times, \div$ 任一種算術。在第三章中的定理 3.3(分解定理)告訴我們

$$A*B = \bigcup_{\alpha \in (0,1]}\,_{\alpha}(A*B), \tag{4.2}$$

(4.1)與(4.2)對以下的模糊算術扮演非常重要的角色，我們將以例子的形式來解釋如何做模糊數的算術。

注意：A 與 B 均為模糊數，所以 $A*B$ 亦應為模糊數。

例 4.3：有兩個模糊數 A 與 B 如下([1]第 105 頁節錄)

$$A(x)=\begin{cases}0, & \text{當 } x \le -1, x > 3\\[4pt]\dfrac{x+1}{2}, & \text{當 } -1 < x \le 1\\[6pt]\dfrac{3-x}{2}, & \text{當 } 1 < x \le 3.\end{cases} \quad ; \quad B(x)=\begin{cases}0, & \text{當 } x \le 1 \text{ 及 } x > 5\\[4pt]\dfrac{x-1}{2}, & \text{當 } 1 < x \le 3\\[6pt]\dfrac{5-x}{2}, & \text{當 } 3 < x \le 5.\end{cases}$$

現在我們欲利用(4.1)及(4.2)式來求 $A+B, A-B, A\times B$，與 A/B 四種運算。

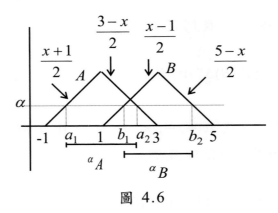

圖 4.6

由圖 4.6 我們在 A 與 B 上取 α-截集，對 A 而言 a_1 可由 $(x+1)/2=\alpha$ 求得，$x=2\alpha-1=a_1$，a_2 可由 $(3-x)/2=\alpha$ 求得 $x=3-2\alpha=a_2$。同理對模糊數 B 而言 $b_1=2\alpha+1, b_2=5-2\alpha$。因此

$$^{\alpha}A=[2\alpha-1,\ 3-2\alpha], \qquad ^{\alpha}B=[2\alpha+1,\ 5\text{-}2\alpha]$$

利用區間算術

$$^{\alpha}A+{}^{\alpha}B={}^{\alpha}(A+B)=[4\alpha,\ 8-4\alpha],\ \alpha\in(0,\ 1] \qquad (4.3)$$

$$^{\alpha}A-{}^{\alpha}B={}^{\alpha}(A-B)=[4\alpha-6,\ 2-4\alpha],\ \alpha\in(0,\ 1] \qquad (4.4)$$

$$^{\alpha}A\times{}^{\alpha}B={}^{\alpha}(A\cdot B)=\begin{cases}[-4\alpha^2+12\alpha-5,\ 4\alpha^2-16\alpha+15],\ \alpha\in(0,\ 0.5] & (4.5a)\\[6pt] [4\alpha^2-1,\ 4\alpha^2-16\alpha+15],\ \alpha\in(0.5,\ 1] & (4.5b)\end{cases}$$

$$\frac{^\alpha A}{^\alpha B} = {}^\alpha\left(\frac{A}{B}\right) = \begin{cases} [\frac{(2\alpha-1)}{(2\alpha+1)}, \frac{(3-2\alpha)}{(2\alpha+1)}], & \alpha\in(0,\,0.5] & (4.6a)\\[2mm] [\frac{(2\alpha-1)}{(5-2\alpha)}, \frac{(3-2\alpha)}{(2\alpha+1)}], & \alpha\in(0.5,\,1] & (4.6b)\end{cases}$$

理由是：在 $(4.5a,b)$ 式中 ${}^\alpha(A\cdot B)$ 之左界是取自於

$$\min\{(2\alpha-1)(2\alpha+1),\,(2\alpha-1)(5-2\alpha),\,(3-2\alpha)(2\alpha+1),\,(3-2\alpha)(5-2\alpha)\}$$
$$(4.7)$$

而右界是取自

$$\max\{(2\alpha-1)(2\alpha+1),\,(2\alpha-1)(5-2\alpha),\,(3-2\alpha)(2\alpha+1),\,(3-2\alpha)(5-2\alpha)\}$$
$$(4.8)$$

當 $\alpha\in(0,\,0.5]$ 時，$(4.7)=-4\alpha^2+12\alpha-5$ 而 $(4.8)=4\alpha^2-16\alpha+15$。
當 $\alpha\in(0.5,\,1]$ 時，$(4.7)=4\alpha^2-1$，而 $(4.8)=4\alpha^2-16\alpha+15$。同理
可得 $(4.6a,b)$。又由分解定理 (4.2) 式可知，算術後之結果將由
無限多個 ${}_\alpha(A*B)$ 階梯狀組合而成。由 (4.3) 式之左界 $4\alpha=x$，
可得 $\alpha=x/4$；右界 $8-4\alpha=x$，可得 $\alpha=(8-x)/4$。
因此由無限多個 ${}_\alpha(A+B)$ 聯集後之結果如下：

$$(A+B)(x) = \begin{cases} \frac{x}{4}, & 0<x\le 4\\[2mm] \frac{8-x}{4}, & 4<x\le 8\\[2mm] 0, & \text{其他}\end{cases}.$$

同理(4.4)式可推演成

$$(A-B)(x)=\begin{cases} \dfrac{x+6}{4}, & -6 < x \le -2 \\[2mm] \dfrac{2-x}{4}, & -2 < x \le 2 \\[2mm] 0, & \text{其他} \end{cases}.$$

但是 $(A \cdot B)(x)$ 及 $(A/B)(x)$ 則需費一些功夫才能求得,其計算過程如下:

由 (4.5a) 式之左界 $-4\alpha^2+12\alpha-5=x$,可知當 $\alpha \in (0,\ 0.5]$ 時 $x \in (-5,\ 0]$,又可得 $\alpha = (3 \pm \sqrt{4-x})/2$。不過在此我們應選取 $\alpha = (3 - \sqrt{4-x})/2$,而非 $\alpha = (3 + \sqrt{4-x})/2$,因後者有機會使 $\alpha > 0.5$。由 (4.5a) 式之右界 $4\alpha^2-16\alpha+15=x$,可知 $\alpha \in (0,\ 0.5]$ 時 $x \in (8,\ 15]$,又可得 $\alpha = (4 \pm \sqrt{1+x})/2$。不過在此我們應選取 $\alpha = (4 - \sqrt{1+x})/2$,而非 $\alpha = (4 + \sqrt{1+x})/2$,因後者有機會使 $\alpha > 1$。

由 (4.5b) 式之左界 $4\alpha^2-1=x$,可知 $\alpha \in (0.5,\ 1]$ 時 $x \in (0,\ 3]$,又可得 $\alpha = (\pm\sqrt{x+1})/2$。但在此我們要取 $\alpha = (\sqrt{x+1})/2$ 而不取 $\alpha = (-\sqrt{x+1})/2$,因後者有機會使 $\alpha < 0$。由 (4.5b) 式之右界 $4\alpha^2-16\alpha+15=x$,可知 $\alpha \in (0.5,\ 1]$ 時 $x \in (3,\ 8]$,又可得 $\alpha = (4 \pm \sqrt{x+1})/2$。但在此我們要取 $\alpha = (4 - \sqrt{x+1})/2$,而不取 $\alpha = (4 + \sqrt{x+1})/2$,因後者有機會使 $\alpha > 1$。

總結以上可得以下之結果可得

$$(A \cdot B)(x) = \begin{cases} \dfrac{3-\sqrt{4-x}}{2}, & -5 < x \le 0 \\[2mm] \dfrac{\sqrt{x+1}}{2}, & 0 < x \le 3 \\[2mm] \dfrac{4-\sqrt{x+1}}{2}, & 3 < x \le 15 \\[2mm] 0, & \text{其他} \end{cases}.$$

同以上分析，讀者可自行練習作作 $(A/B)(x)$，正確的結果如下所示

$$\left(A\!\!\Big/_{\!B}\right)(x) = \begin{cases} \dfrac{x+1}{2-2x}, & -1 \le x < 0 \\[2mm] \dfrac{5x+1}{2x+2}, & 0 \le x < \dfrac{1}{3} \\[2mm] \dfrac{3-x}{2x+2}, & \dfrac{1}{3} \le x < 3 \\[2mm] 0, & \text{其他} \end{cases}.$$

以上四種模糊算術之圖形請見圖 4.7。

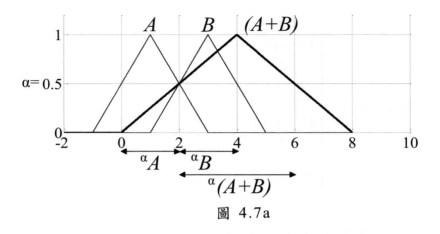

圖 4.7a

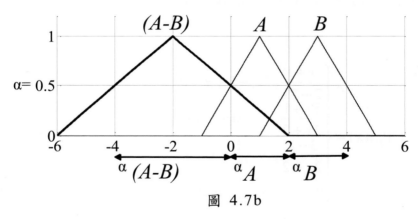

圖 4.7b

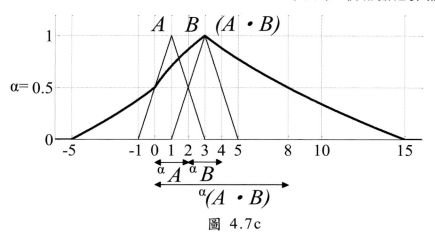

圖 4.7c

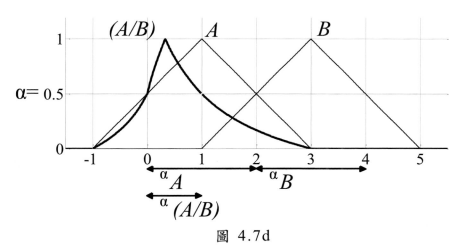

圖 4.7d

由以上之計算讀者可能會覺得計算蠻繁雜的，是的！模糊數
之算術確實挺麻煩的。但作者有一篇文章[31]在國際期刊
Fuzzy Sets and Systems 上發表，該文章指出

"兩相同形狀之模糊數相加減，其結果仍為同形狀之模
糊數"

因此圖 4.7a, b 兩圖可直接由 A 及 B 之底集及核相加減（區間及最高點加減）而畫出，因它們的結果必仍為三角形，我姑且稱之為 "王邱快速畫圖法(Wang-Chiu fast drawing)"。而乘法與除法如圖 4.7c, d 則無法事先判斷其形狀，而須慢慢計算了。

4.4 離散型模糊數之算術

對於離散型模糊數之計算，上一節連續型模糊數之算術方法也適用，但是很難理解。在此介紹以下方法較容易使用於離散型模糊數之計算。此方法是

$$(A*B)(z) = \sup_{z=x*y} \min(A(x), B(y)) \tag{4.9}$$

其中 $x, y, z \in R$（宇集合）。在此提醒讀者，注意本章中的所有運算皆在同一宇集合 R 中運算。(4.9)式之意義為 "對某一固定 z 而言，找出所有組合(x, y)（例如有 N 組）能使 $x*y = z$ 成立，先取每一組之小者 （即 $\min(A(x), B(y))$），再由這些小者之中（共 N 個）取最大者 （即 $\sup_{z=x*y} \min(A(x), B(y))$ ）"，此解即為 $A*B$ 在 z 上之歸屬度 $(A*B)(z)$。把(4.9)式寫得更確實一些[1]

$$(A + B)(z) = \sup_{z=x+y} \min(A(x), B(y)) \tag{4.10a}$$

$$(A - B)(z) = \sup_{z=x-y} \min(A(x), B(y)) \tag{4.10b}$$

$$(A \cdot B)(z) = \sup_{z=x \cdot y} \min(A(x), B(y)) \tag{4.10c}$$

$$(A/B)(z) = \sup_{z=x/y} \min(A(x),\ B(y)) \tag{4.10d}$$

定理 4.2 [1]: 若 A 與 B 為兩個連續型模糊數，則 $A*B$ 可由 (4.9) 計算而得到且其結果仍為模糊數。

但是定理 4.2 對於離散型模糊數就不一定成立。針對 (4.10a)〜(4.10d) 之定義算術，我們再舉例於下：

例 4.4：兩個模糊數 A 與 B 如下：

$$A = \frac{0}{2} + \frac{0.4}{3} + \frac{1}{4} + \frac{0.7}{5} + \frac{0}{6}\ ,$$

$$B = \frac{0}{2} + \frac{0.1}{3} + \frac{0.8}{4} + \frac{1}{5} + \frac{0.3}{6} + \frac{0}{7}\ .$$

必須注意的是以上 A 與 B 兩個模糊數是定義在整數 Z 上，若以 (4.10a)，(4.10b) 式來計算 $A+B$ 及 $A-B$，結果分別如下：

$$A+B = \frac{0}{4} + \frac{0}{5} + \frac{0.1}{6} + \frac{0.4}{7} + \frac{0.8}{8} + \frac{1}{9} + \frac{0.7}{10} + \frac{0.3}{11} + \frac{0}{12}, \tag{4.11}$$

$$A-B = \frac{0}{-5} + \frac{0}{-4} + \frac{0.3}{-3} + \frac{0.4}{-2} + \frac{1}{-1} + \frac{0.8}{0} + \frac{0.7}{1} + \frac{0.1}{2} + \frac{0}{3} + \frac{0}{4}. \tag{4.12}$$

我們舉 $(A+B)(8)$ 來說明 $\frac{0.8}{8}$ 如何來的。當 $z=8$ 時 $x+y=8$ 之 (x,y) 組合有 $(2,6),(3,5),(4,4),(5,3),(6,2)$ 五組，且

$\min(A(2), B(6)) = 0$、$\min(A(3), B(5)) = 0.4$、$\min(A(4), B(4)) = 0.8$、$\min(A(5), B(3)) = 0.1$、$\min(A(6), B(2)) = 0$，再作 $\sup_{8=x+y}(0, 0.4, 0.8, 0.1, 0) = 0.8$，即得 $(A+B)(8) = 0.8$。

另外我們再看看 $(A-B)(-2)$ 的值為何呢？$x-y=-2$ 之 (x, y) 組合有 $(2, 4), (3, 5), (4, 6), (5, 7)$ 四組，且 $\min(A(2), B(4)) = 0$、$\min(A(3), B(5)) = 0.4$、$\min(A(4), B(6)) = 0.3$、$\min(A(5), B(7)) = 0$ 再作 $\sup_{-2=x+y}(0, 0.4, 0.3, 0) = 0.4$，即得 $(A-B)(-2) = 0.4$。我們看看結果 (4.11) 及 (4.12)，可以發現它們仍是模糊數。但若以 (4.10c) 及 (4.10d) 分別來作 $A \cdot B$ 及 A/B 則會有一個問題產生。先作作看吧！

$$A \cdot B = {}^{0}\!\!/\!_{4} + {}^{0}\!\!/\!_{6} + {}^{0}\!\!/\!_{8} + {}^{0.1}\!\!/\!_{9} + {}^{0}\!\!/\!_{10} + {}^{0.4}\!\!/\!_{12} + {}^{0}\!\!/\!_{14} + {}^{0.4}\!\!/\!_{15} + {}^{0.8}\!\!/\!_{16} + {}^{0.3}\!\!/\!_{18} + {}^{1}\!\!/\!_{20}$$
$$+ {}^{0}\!\!/\!_{21} + {}^{0.3}\!\!/\!_{24} + {}^{0.7}\!\!/\!_{25} + {}^{0.3}\!\!/\!_{30} + \cdots + {}^{0}\!\!/\!_{42} \qquad (4.13)$$

由上式可發現若照 (4.10c) 式來作 $A \cdot B$，結果它竟然非凸集，並不滿足模糊數之第 (i) 性質，因此其並非模糊數 (請參考圖 4.3 之說明)，這不是我們預期的事情："兩個模糊數經算術運算其結果應仍是模糊數"。所以用 (4.10c) 式求 $A \cdot B$ 時必須作些修正，(4.10d) 作 A/B 也要修正 [7]。那如何修正呢？

因此為了要把 (4.13) 修正為滿足模糊數定義，我們必須動一些手腳，原則上就在凹下去的點給它補平，在最高點 (歸屬度 1 處) 之左往左看齊，之右往右看齊，所以會有下式

$$A \cdot B = \frac{0}{8} + \frac{0.1}{9} + \frac{0.1}{10} + \frac{0.1}{11} + \frac{0.4}{12} + \frac{0.4}{13} + \frac{0.4}{14} + \frac{0.4}{15} + \frac{0.8}{16}$$

$$+ \frac{0.8}{17} + \frac{0.8}{18} + \frac{0.8}{19} + \frac{1}{20} + \frac{0.7}{21} + \frac{0.7}{22} + \frac{0.7}{23} + \frac{0.7}{24} + \frac{0.7}{25}$$

$$+ \frac{0.3}{26} + \frac{0.3}{27} + \frac{0.3}{28} + \frac{0.3}{29} + \frac{0.3}{30} + \frac{0}{31} + \cdots \qquad (4.14)$$

(4.14)式之計算過程乃是參考 Kaufmann 及 Gupta 的書[7]第
27~28 頁。根據該書所述，筆者總結的做法就是"在凹下去的
點給它補平，在最高點(歸屬度 1 處)之左往左看齊，之右往
右看齊"。所以原來(4.13)式如下圖 4.8，可見高高低低不符
合模糊數的定義。

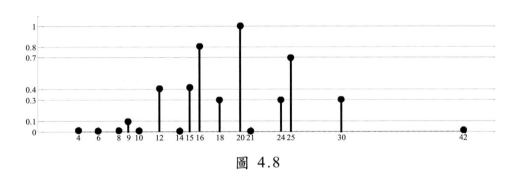

圖 4.8

經過[7]的方法修正後，就會成圖 4.9 所示，又變成模糊數
了。

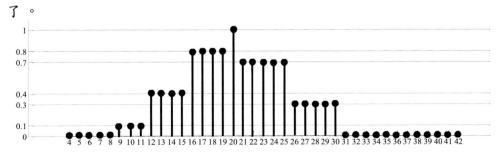

圖 4.9

至於 $A/B(z)$ 可利用類似方法計算，讀者會發現很奇怪的現象：宇集合變成無法明確定義，此問題仍是個開放問題企待學者解決，讀者可以試算看看。

4.5 模糊數之大小比較

任兩個實數大小比較，可輕易看出。我們可用

$$\min(x,y) = \begin{cases} x, & \text{當 } x \le y \\ y, & \text{當 } x > y \end{cases},$$

及

$$\max(x,y) = \begin{cases} y, & \text{當 } x \le y \\ x, & \text{當 } x > y \end{cases},$$

來表示。但對兩個模糊數之大小比較就沒有那麼單純了。

對於兩個模糊數 A 及 B，我們定義

$$\text{MIN}(A,B)(z) = \sup_{z=\min(x,y)} \min(A(x),\,B(y)), \tag{4.15}$$

$$\text{MAX}(A,B)(z) = \sup_{z=\max(x,y)} \min(A(x),\,B(y)). \tag{4.16}$$

其中宇集合為 R，且 $x, y, z \in R$。令 $^\alpha A = [^\alpha a_1, ^\alpha a_2]$、$^\alpha B = [^\alpha b_1, ^\alpha b_2]$ 是那兩個模糊數之 α－截集，若

$$^\alpha a_1 \le {}^\alpha b_1, \text{ 且 } ^\alpha a_2 \le {}^\alpha b_2$$

則我們可以說 α－截集(區間)之大小順序如下

$$^{\alpha}A \leq {}^{\alpha}B \tag{4.17}$$

另外又定義

$$\min({}^{\alpha}A, {}^{\alpha}B) = [\min({}^{\alpha}a_1, {}^{\alpha}b_1),\ \min({}^{\alpha}a_2, {}^{\alpha}b_2)], \tag{4.18a}$$
$$\max({}^{\alpha}A, {}^{\alpha}B) = [\max({}^{\alpha}a_1, {}^{\alpha}b_1),\ \max({}^{\alpha}a_2, {}^{\alpha}b_2)]. \tag{4.18b}$$

因此 (4.15) 及 (4.16) 則是根據 (4.17) 及 (4.18) 式經分解定理 (3.3) 式而定義的。

例 4.5： $A(x) = \begin{cases} \dfrac{x}{2}+1, & \text{當}-2 \leq x \leq 0 \\ -\dfrac{x}{6}+1, & \text{當}\ 0 \leq x \leq 6 \\ 0, & \text{其他} \end{cases}$ ；

$\qquad\qquad B(x) = \begin{cases} \dfrac{x+4}{7}, & \text{當}-4 \leq x \leq 3 \\ \dfrac{5-x}{2}, & \text{當}\ 3 \leq x \leq 5 \\ 0, & \text{其他} \end{cases}$.

求 MAX(A, B) 及 MIN(A, B)。對所有 $\alpha \in (0, 1]$，我們有

$$^{\alpha}A = [2\alpha - 2, \ -6\alpha + 6],$$
$$^{\alpha}B = [7\alpha - 4, \ -2\alpha + 5].$$

則

$$\min(^{\alpha}A, ^{\alpha}B) = [\min(2\alpha - 2, \ 7\alpha - 4), \ \min(-6\alpha + 6, \ -2\alpha + 5)]$$

$$= \begin{cases} [7\alpha - 4, \ -2\alpha + 5], \ 0 \leq \alpha \leq 0.25 \\ [7\alpha - 4, \ -6\alpha + 6], \ 0.25 \leq \alpha \leq 0.4 \\ [2\alpha - 2, \ -6\alpha + 6], \ 0.4 \leq \alpha \leq 1 \end{cases}$$

類似我們在 4.3 節 $A+B$ 之算術中所解，我們可得

$$\mathrm{MIN}(A, B) = \begin{cases} \dfrac{4 + x}{7}, & -4 \leq x \leq -1.2 \\ \dfrac{x}{2} + 1, & -1.2 \leq x \leq 0 \\ \dfrac{-x}{6} + 1, & 0 \leq x \leq 4.5 \\ \dfrac{5 - x}{2}, & 4.5 \leq x \leq 5 \\ 0, & \text{其他} \end{cases}$$

另外

$$\max(^{\alpha}A, ^{\alpha}B) = [\max(2\alpha - 2, 7\alpha - 4), \max(-6\alpha + 6, -2\alpha + 5)]$$

$$= \begin{cases} [2\alpha - 2, 6 - 6\alpha], & 0 \leq \alpha \leq 0.25 \\ [2\alpha - 2, 5 - 2\alpha], & 0.25 \leq \alpha \leq 0.4 \\ [7\alpha - 4, 5 - 2\alpha], & 0.4 \leq \alpha \leq 1 \end{cases}$$

則同上法可得

$$\text{MAX}(A, B) = \begin{cases} \dfrac{x}{2}+1, & -2 \le x \le -1.2 \\[2mm] \dfrac{4+x}{7}, & -1.2 \le x \le 3 \\[2mm] \dfrac{5-x}{2}, & 3 \le x \le 4.5 \\[2mm] 1-\dfrac{x}{6}, & 4.5 \le x \le 6 \\[2mm] 0, & \text{其他} \end{cases}$$

把 A, B, $\text{MIN}(A, B)$, $\text{MAX}(A, B)$用圖形表示如下

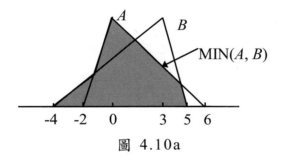

圖 4.10a

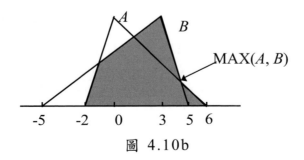

圖 4.10b

例 4.6：再考慮以下兩個模糊數

$$A = \frac{0.2}{-2} + \frac{0.3}{-1} + \frac{0.5}{0} + \frac{1}{1} + \frac{0.5}{2} + \frac{0}{3} + \frac{0}{4}$$

$$B = \frac{0}{-2} + \frac{0.5}{-1} + \frac{1}{0} + \frac{0.7}{1} + \frac{0.6}{2} + \frac{0.4}{3} + \frac{0.1}{4}$$

則

$$\text{MIN}(A,B) = \frac{0.2}{-2} + \frac{0.5}{-1} + \frac{1}{0} + \frac{0.7}{1} + \frac{0.5}{2} + \frac{0}{3} + \frac{0}{4}$$

$$\text{MAX}(A,B) = \frac{0}{-2} + \frac{0.3}{-1} + \frac{0.5}{0} + \frac{1}{1} + \frac{0.6}{2} + \frac{0.4}{3} + \frac{0.1}{4}$$

在此我們拿 MIN(A, B)來作看看。$z=0$時滿足 $z = 0 = \min(x, y)$ 之 (x, y)有以下幾組$(0, 0)$, $(0, 1)$, $(0, 2)$, $(0, 3)$, $(0, 4)$, $(1, 0)$, $(2, 0)$, $(3, 0)$, $(4, 0)$，而各組之歸屬度較小值為 $\min(A(0), B(0)) = 0.5, \min(A(1), B(0)) = 1, \min(A(3), B(0)) = 0$, $\cdots, \min(A(4), B(0)) = 0$，結果以上各組取最大的則 $\text{MIN}(A,B)(0) = 1$。同理可對任何一個 z 作出以上結果。由以上兩例可輕易看出 MIN 與 MAX 有下列特性

(i)   MIN(A, B)=MIN(B, A)；MAX(A, B)=MAX(B, A)；

(ii)   MIN[MIN(A,B), C]= MIN[A, MIN(B, C)]；

(iii)   MAX[MAX(A,B), C]= MAX[A, MAX(B, C)]；

(iv)   MIN(A, A)=MAX(A, A)=A；

(v)   MAX[A, MIN(A, B)]=MIN[A, MAX(A, B)]=A；

(vi)   MAX[A, MIN(B, C)]=MIN[MAX(A, B), MAX(A, C)]；

(vii) MIN[A, MAX(B, C)]=MAX[MIN(A, B), MIN(A, C)]；

另外若對所有 $\alpha \in (0, 1]$

$$^{\alpha}A \leq ^{\alpha}B \text{ 亦即表示} \begin{cases} \text{MIN}(A, B) = A \\ \text{MAX}(A, B) = B \end{cases} \tag{4.19}$$

(4.19)式之右邊可寫成 $A \preceq B$，並可由下圖表示

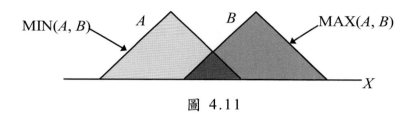

圖 4.11

其實作者有一篇文章 [44]，提出更簡易的方法可以得到 MIN(A,B) 及 MAX(A,B) 的結果，亦即

$$\text{MIN}(A,B)(z) = \begin{cases} (A \cap B)(z), & \text{若 } z \geq x_{m} \\ (A \cup B)(z), & \text{若 } z < x_{m} \end{cases}, \tag{4.20}$$

$$\text{MAX}(A,B) = \begin{cases} (A \cup B)(z), & \text{若 } z \geq x_{m} \\ (A \cap B)(z), & \text{若 } z < x_{m} \end{cases} \tag{4.21}$$

其中 x_{m} 滿足 $(A \cap B)(x_{m}) \geq (A \cap B)(x)$，而且以上 $A \cap B$ 或 $A \cup B$ 是指標準運算。讀者可以拿圖 4.10 及圖 4.11 來驗證看看以上公式是不是正確且簡單？若有興趣探討 (4.20)式及 (4.21)式之證明可參閱 [44]。

4.6 本章總結

　　本章主要在探討模糊數之加、減、乘、除四種運算，由本章可知模糊數的算術過程其實蠻複雜的，但是筆者發表的文章[31]大有助於同形狀模糊數的加減算術。分解定理及區間之算術在模糊數之四則算術中扮演了非常重要的角色。對於模糊數之大小比較，本章也作了介紹，筆者發表的文章[44]也提出一條捷徑，可以很容易算出模糊數的比較結果。

習題

4.1. 分別舉出各兩個連續型模糊數及離散型模糊數。

4.2. 兩個模糊數 A 及 B 其中([7]之第 17 頁～18 頁)

$$A = {0 \over 0} + {0.1 \over 1} + {0.3 \over 2} + {0.8 \over 3} + {1 \over 4} + {0.7 \over 5} + {0.3 \over 6} + {0 \over 7} + {0 \over 8} + \cdots$$
$$B = {0 \over 0} + {0.3 \over 1} + {0.6 \over 2} + {1 \over 3} + {0.7 \over 4} + {0.2 \over 5} + {0.1 \over 6} + {0 \over 7} + {0 \over 8} + \cdots$$

請問修正後的 $A+B=?$　$A-B=?$

4.3. 有兩個模糊數 A 與 B 定義在宇集合 R 上，其中（[7]第 25 頁～26 頁）

$$A(x) = \begin{cases} x-2, & 2 \le x \le 3 \\ \dfrac{5-x}{2}, & 3 \le x \le 5 \\ 0, & 其他 \end{cases}, \quad B(x) = \begin{cases} \dfrac{x-3}{2}, & 3 \le x \le 5 \\ 6-x, & 5 \le x \le 6, \\ 0, & 其他 \end{cases}$$

求 $A+B=?$ 限分別使用分解定理計算，及王邱快速法畫圖。再求 $A \cdot B = ?$

4.4. 有兩個模糊數 A 與 B 定義在宇集合 R 上，其中([7]第 32 頁～33 頁)

$$A(x) = \begin{cases} \dfrac{x-18}{4}, & 18 \le x \le 22 \\ 3-\dfrac{x}{11}, & 22 \le x \le 33, \\ 0, & 其他 \end{cases}, \quad B(x) = \begin{cases} x-5, & 5 \le x \le 6 \\ 4-\dfrac{x}{2}, & 6 \le x \le 8 \\ 0, & 其他 \end{cases}.$$

求 $A-B=?$ 限分別使用分解定理計算，及王邱快速法畫圖。再求 $A\big/B = ?$

4.5. 有兩個模糊數如下

$$A(x) = \begin{cases} 0, & if \ x \le 3, \ or \ x \ge 7 \\ (x-3), & if \ 3 \le x \le 4 \\ \dfrac{1}{3}(7-x), & if \ 4 \le x \le 7 \end{cases} \quad 及 \ B(x) = \begin{cases} 0, & if \ x \le 3, \ or \ x \ge 6 \\ \dfrac{x}{2} - \dfrac{3}{2}, & if \ 3 \le x \le 5 \\ -x+6, & if \ 5 \le x \le 6 \end{cases}.$$

請畫出 MIN(A,B) 及 MAX(A,B).

4.6. 有兩個模糊數如下：

$$A = \frac{0}{0} + \frac{0}{1} + \frac{0.5}{2} + \frac{0.8}{3} + \frac{1}{4} + \frac{0.8}{5} + \frac{0.4}{6}$$
$$B = \frac{0}{0} + \frac{0.5}{1} + \frac{0.8}{2} + \frac{1}{3} + \frac{0.8}{4} + \frac{0.4}{5} + \frac{0}{6}.$$

請算出 MIN(A,B) 及 MAX(A,B).

第 五 章

模 糊 關 係

5.1 前言

　　第四章以前均是探討模糊集合之性質及運算，那時的模糊集合是一維(one dimension)的，因為它是定在某 "一個" 宇集合上 (如 X)。現在開始我們要探討的是二維(two dimensions)以上的模糊集合，也就是宇集合是 "二個" 以上 (如 X 及 Y)。這種二維以上的模糊集合，我們稱為 "模糊關係"。本章將介紹模糊關係的定義、性質及相關運算。

5.2 明確關係與模糊關係

　　有兩個明確集合 U 與 V，我們定義 $U \times V$ 為卡迪興乘積(Cartesian product)(有些文獻稱為直積(direct product))，它的表示法如下：

$$U \times V = \{(u,\ v) \mid u \in U,\ v \in V\}. \qquad (5.1)$$

(5.1) 式中 $(u,\ v)$ 之元素前後順序很重要，當 $U \neq V$ 時，就 $U \times V \neq V \times U$，也就是說 $(u, v) \neq (v, u)$。若有 n 個集合 $U_1, U_2, \cdots, U_n$，則它們的卡迪興乘積是

$$U_1 \times U_2 \times \cdots \times U_n = \{(u_1,\ u_2, \cdots, u_n) \mid u_i \in U_i,\ i = 1,\ 2, \cdots, n\}. \qquad (5.2)$$

若有一組 n 個明確集合 $U_1, U_2, \cdots, U_n$，它們之間有一種關係，我們以符號 $R(U_1,\ U_2, \cdots, U_n)$ 來表示，它是(5.2)式之部份集合，即

$$R(U_1, U_2, \cdots, U_n) \subset U_1 \times U_2 \times \cdots \times U_n \quad .$$

若 $n=2$ 即有兩個明確集合 U 與 V，亦即

$$R(U, V) \subset U \times V \, . \tag{5.3}$$

我們稱(5.3)式為二元關係(binary relation)。我們舉一個例子說明如下：

例 5.1：有兩組人，一組為男生 $M = \{m_1, m_2, m_3\}$，及另一組為女生 $W = \{w_1, w_2, w_3\}$。則
$M \times W = \{(m_1, w_1), (m_1, w_2), (m_1, w_3), (m_2, w_1),$
$(m_2, w_2), (m_2, w_3), (m_3, w_1), (m_3, w_2), (m_3, w_3)\}$。我們以在戶政事務所正式登記來定義一個關係叫 "婚姻關係"

$$R(M, W) = \left\{(m_1, w_3), (m_2, w_2)\right\} \tag{5.4}$$

由上式我們可知，m_1(男)與 w_3(女)是夫妻，m_2(男)與 w_2(女)也是一對。

上例中 M 及 W 均是明確集合，$R(M, W)$ 指的也是明確的婚姻關係。若我們用模糊集合中之歸屬度的觀念表示 $R(M, W)$，則可把(5.4)式改寫成矩陣形式

$$R(M,\ W) = \begin{array}{c} \\ m_1 \\ m_2 \\ m_3 \end{array} \begin{array}{ccc} w_1 & w_2 & w_3 \\ \left[\begin{array}{ccc} 0 & 0 & 1 \\ 0 & 1 & 0 \\ 0 & 0 & 0 \end{array}\right] \end{array},$$

其中

$$R(m_i, w_j) = \begin{cases} 1, & \text{當} (m_i, w_j) \in R(M, W) \\ 0, & \text{其他} \end{cases}.$$

同理，對 n 個明確集合 $U_1, U_2, \cdots, U_n$，我們也可定義

$$R(u_1, u_2, \cdots, u_n) = \begin{cases} 1, & \text{當} (u_1, u_2, \cdots, u_n) \in R(U_1, U_2, \cdots, U_n) \\ 0, & \text{其他} \end{cases} \tag{5.5}$$

當然若(5.5)式中的歸屬度不再是 1 或 0 時，或應該說(5.5)式中的關係 $R(u_1, u_2, \cdots, u_n)$ 不再那麼明確時，就變成 "模糊關係" 了。請看下例。

例 5.2：有兩個明確城市集合 $U_1 = \{$台北、桃園、台中、高雄$\}$ 及 $U_2 = \{$新竹、彰化、屏東$\}$，我們要定義 U_1 與 U_2 之關係 $R(U_1, U_2)$ 為 "很遠"，且用矩陣形式來表示如下：

	新竹	彰化	屏東
台北	0.3	0.7	1
桃園	0.2	0.5	0.9
台中	0.5	0.2	0.6
高雄	0.9	0.5	0.1

對於上面的關係，很清楚得表示任何兩個城市之模糊關係"很遠"之歸屬度。如新竹與高雄是很遠的程度為 0.9，彰化與台中是很遠的程度為 0.2。可見新竹與高雄之距離遠比彰化與台中之距離遠。知道了模糊關係的初步概念，再來看看以下的定義：

定義 5.1：一個模糊關係 R 是一針對明確集合 $U_1, U_2, \cdots, U_n$ 定義在卡迪興乘積 $\hat{U} = U_1 \times U_2 \times \cdots \times U_n$ 的模糊集合。它的表示式為

$$R = \left\{ R(u_1, u_2, \cdots, u_n) \middle| (u_1, u_2, \cdots, u_n) \in \hat{U} \right\},$$

請注意上式的 u_i 表示集合 U_i 中的某一元素，如例 5.2 中，台北就是 $= u_1$，其中 $0 \le R(u_1, u_2, \cdots, u_n) \le 1$ 代表關係的歸屬度。值得注意的是符號表示：$R(u_1, u_2)$ 代表特定元素組 (u_1, u_2) 在模糊關係中的歸屬度，$(u_1, u_2) \in U_1 \times U_2$；而 $R(U_1, U_2)$ 代表所有元素 (u_{1j}, u_{2i})，對於所有的 j 及 i，之歸屬度(其中 u_{1j} 乃是 U_1 集合中某一個元素)，乃是一個矩陣形式。

5.3 映射關係(Projection)與柱形擴充(Cylindric extension)

模糊關係中，有兩個運算必須提到，一為"映射"，另一為"柱形擴充"。有一個模糊關係 $R(U_1, U_2, \cdots, U_n) = R(\hat{U})$，$\{R_{\hat{U}} \downarrow V\}$ 叫做"$R(\hat{U})$ 在宇集合 V 上之映射"，定義為

$$\{R_{\hat{U}} \downarrow V\}(V) = \max_W R(\hat{U}) = R_V(V) \tag{5.6}$$

其中 U_i, $i = 1, ..., n$, 為明確集合，V 是某個 U_i 或某些個 U_i 之卡迪興乘積，可見 $\{R_{\hat{U}} \downarrow V\}(V)$ 之維數比 $R(\hat{U})$ 之維數減少，W 代表 $\hat{U} - V$ 之卡迪興乘積。在此假設 $\hat{U} = U_i \times U_j \times U_k$ 及 $V = U_i \times U_j$，若用元素表示法，(5.6)式可以下式表示之：

$$\{R_{\hat{U}} \downarrow V\}(u_i, u_j) = \max_{u_k} R(u_i, u_j, u_k) = R_V(u_i, u_j), \tag{5.7}$$

其中 $u_i \in U_i$，接著我們再舉一個例子來說明。

例 5.3：（節錄自[1]之表 5.1）

若我們有三個集合 $U_1 = \{0, 1\}$，$U_2 = \{0, 1\}$，$U_3 = \{0, 1, 2\}$，它們之間有一種模糊關係 R 存在，此關係是定義在卡迪興乘積 $\hat{U} = U_1 \times U_2 \times U_3$ 上，如表 5.1 中之第四直行 $R(u_1, u_2, u_3)$ 所示。其他直行之代表映射 $\{R \downarrow \{U_i \times U_j\}\}(u_i, u_j) = R_{ij}(u_i, u_j)$，又 $R_i(u_i)$ 代表映射 $\{R \downarrow \{U_i\}\}(u_i) = R_i(u_i)$，即

$$R_{12}(u_1,\,u_2)=\max_{u_3}R(u_1,\,u_2,\,u_3)\;,$$

$$R_1(u_1)=\max_{u_2,u_3}R(u_1,\,u_2,\,u_3)=\max_{u_2}R_{12}(u_1,\,u_2)=\max_{u_3}R_{13}(u_1,\,u_3).$$

現在再以表 5.1 來說明，第一直行 $R(u_1,\,u_2,\,u_3)$ 是已知的，那第二直行之第一個值 $R_{12}(u_1,\,u_2)=R_{12}(0,0)=0.9$　是以下法算出來的

$$R_{12}(0,0)=\max_{u_3=0,1,2}\left\{R(0,0,0),R(0,0,1),R(0,0,2)\right\}=\max(0.4,0.9,0.2)=0.9\,.$$

表 5.1

u_1	u_2	u_3	$R(u_1,\,u_2,\,u_3)$	$R_{12}(u_1,\,u_2)$	$R_{13}(u_1,\,u_3)$	$R_{23}(u_2,\,u_3)$	$R_1(u_1)$	$R_2(u_2)$	$R_3(u_3)$
0	0	0	0.4	0.9	1.0	0.5	1.0	0.9	1.0
0	0	1	0.9	0.9	0.9	0.9	1.0	0.9	0.9
0	0	2	0.2	0.9	0.8	0.2	1.0	0.9	1.0
0	1	0	1.0	1.0	1.0	1.0	1.0	1.0	1.0
0	1	1	0.0	1.0	0.9	0.5	1.0	1.0	0.9
0	1	2	0.8	1.0	0.8	1.0	1.0	1.0	1.0
1	0	0	0.5	0.5	0.5	0.5	1.0	0.9	1.0
1	0	1	0.3	0.5	0.5	0.9	1.0	0.9	0.9
1	0	2	0.1	0.5	1.0	0.2	1.0	0.9	1.0
1	1	0	0.0	1.0	0.5	1.0	1.0	1.0	1.0
1	1	1	0.5	1.0	0.5	0.5	1.0	1.0	0.9
1	1	2	1.0	1.0	1.0	1.0	1.0	1.0	1.0

而第八行之第一個值 $R_1(u_1)$ 由下式算出

$$R_1(u_1) = R_1(0)$$

$$= \max_{\substack{u_2=0,1 \\ u_3=0,1,2}} \{R(0,0,0),\ R(0,0,1),\ R(0,0,2),\ R(0,1,0),\ R(0,1,1),\ R(0,1,2)\}$$

$$= \max\{0.4, 0.9, 0.2, 1.0, 0.0, 0.8\} = 1.0.$$

或

$$R_1(0) = \max_{u_2=0,1}\{R_{12}(0,0),\ R_{12}(0,1)\} = \max\{0.9, 1.0\} = 1.0 .$$

以上就是模糊關係的映射把一個 n 維的模糊關係映射至 m 維關係，而且維數變少了 ($n>m$)。

接下來我們要來看看映射的反運算，從一個維數少的模糊關係變成一個維數多的模糊關係。此模糊關係之運算叫做"柱形擴充(cylindric extension)"，以 $\{R_V \uparrow W\}$ 來表示即

$$\{R_V \uparrow W\}(\hat{U}) = R(\hat{U}) , \tag{5.8}$$

其中 $W = \hat{U} - V$，可見 $\{R_V \uparrow W\}(\hat{U})$ 之維數將比 $R_V(V)$ 增多。若用元素表示法，假設 $\hat{U} = U_1 \times U_2 \times U_3$，$V = U_1 \times U_2$, (5.8)式可以下式重寫之：

$$\{R_V \uparrow U_3\}\ (u_1,\ u_2,\ u_3) = R(u_1,\ u_2,\ u_3), 對所有 u_3, \tag{5.9}$$

意思是原來的 $R_V(u_1,\ u_2)$ 複製變成 $R(u_1,\ u_2,\ u_3)$，其中 $(u_1,\ u_2)$ 固定不變，但是 u_3 卻要包含所有 u_3 的值。換句話說，原二維變成三維，其中 $R(u_1,\ u_2,\ u_{3j}) = R(u_1,\ u_2,\ u_{3k})$，對於所有 $u_{3j} \neq u_{3k}$, all $u_{3i} \in U_3$。我們再用下個例子來說明較易明白。

例 5.4：同表 5.1 我們有

$$\{R_V \uparrow \{U_3\}\}(0,0,0) = \{R_V \uparrow \{U_3\}\}(0,0,1) = \{R_V \uparrow \{U_3\}\}(0,0,2)$$
$$= R_V(0,0) = 0.9.$$

相對 $\{R_V \uparrow W\}(u_1, u_2, u_3) = R_V(u_1, u_2)$ 定義，其中 $(u_1,u_2,u_3) = (0,0,0)$，$(u_1,u_2,u_3) = (0,0,1)$，或 $(u_1,u_2,u_3) = (0,0,2)$，上式可發現是指把 $R_V(u_1, u_2)$ 值擴充到所有 $u_3 \in U_3$。值得注意的是 $\{R_V \uparrow \{U_3\}\}(u_1, u_2, u_3)$ 並不一定相等於映射之前原始的 $R(u_1,u_2,u_3)$。如上例中

$$\{R_V \uparrow \{U_3\}\}(0,0,0) = 0.9 \neq R(0,0,0) = 0.4 \,(原始的),$$
$$\{R_W \uparrow \{U_1\}\}(1,0,1) = 0.9 \neq R(1,0,1) = 0.3 \quad (原始的),$$

其中 $W = U_2 \times U_3$，雖然我們曾提及 "柱形擴充" 是 "映射" 之反運算，但卻發現一個模糊關係 R 經 "映射" 再經 "柱形擴充" 後不見得會還原成原模糊關係 R，也就是說模糊關係經過映射後再經柱形擴充後，歸屬度值將很可能失真了。

　　有讀者可能會問 "映射"、"柱形擴充"，這些運算到底有什麼用呢？其實在模糊關係之合成及模糊控制中會被用到，請讀者耐心讀下去。

　　我們再以三度空間的圖形來說明（因礙於在紙面二度空間之限制表 5.1 無法畫出，我們用 $X \times Y$ 之二度空間來舉例）。在圖 5.1 中每一個木杆頂高度即為 $R(x, y)$。若把一個 X 座標 $X = x_1$ 固定，在所有 (x_1, y) 上（對所有 y）之杆頂最高者即為 "映射" $R_X(x_1) = \max_y R(x_1, y)$，如圖 5.1 之 $R(x_1, y_1) = 1 = R_X(x_1)$。同理若

$Y = y_2$ 固 定 ， 對 所 有 x 之 (x, y_2) 上 之 竿 頂 最 高 者 即 為 $R_Y(y_2) = \max\limits_{x} R(x, y_2)$ ， 如 圖 5.1 之 $R(x_2, y_2) = 0.9 = R_Y(y_2)$ 。 若 把 $R_X(x_i)$ 往 所 有 (x_i, y) 上 擴 充 成 一 排 木 杆 排 就 是 " 柱 形 擴 充 " $\{R_X \uparrow \{Y\}\}$ ， 如 圖 5.2a。 把 $R_Y(y_i)$ 往 所 有 (x, y_i) 上 擴 充 成 另 一 排 木 杆 排 即 $\{R_Y \uparrow \{X\}\}$ ， 如 圖 5.2b。 很 明 顯 的 圖 5.2 並 不 再 能 還 原 成 圖 5.1 了 。

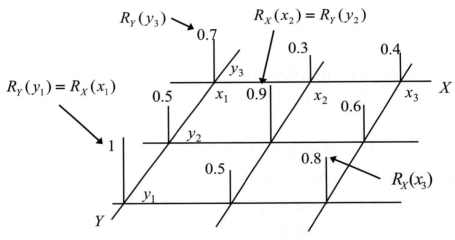

圖 5.1 模糊關係 R 及其部份映射

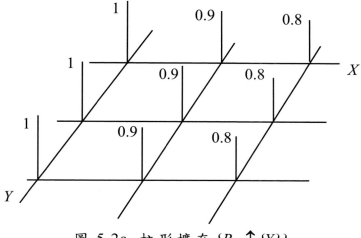

圖 5.2a 柱形擴充 $\{R_X \uparrow \{Y\}\}$

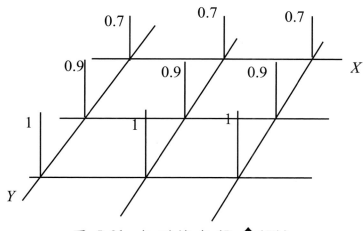

圖 5.2b 柱形擴充 $\{R_Y \uparrow \{X\}\}$

5.4 二元模糊關係

　　若一個模糊關係只定義在卡迪興乘積 $X \times Y$ 上，此模糊關係 $R(X,Y)$ 叫做二元模糊關係。對一個二元模糊關係 $R(X,Y)$，它的定義域(domain)也是一個定義在 X 上的模糊集合寫成 $\mathrm{Dom}(R)$，它的模糊歸屬函數定義成

$$\mathrm{Dom}(R(x)) = \max_{y \in Y} R(x,y), \text{ 對任一} x \in X, \qquad (5.10)$$

意思是 "某個 x 屬於 $\mathrm{Dom}(R)$ 之程度為該 x 相對於所有 $y \in Y$ 之模糊關係 $R(x,y)$ 之最強者"。另外模糊關係 $R(X,Y)$ 之值域 (range)也是一個定義在 Y 上的模糊集合寫成 $\mathrm{Ran}(R)$，它的歸屬函數定義成

$$\mathrm{Ran}(R(y)) = \max_{x \in X} R(x,y), \text{ 對任一} y \in Y, \qquad (5.11)$$

意思是 "某個 y 屬於 $\mathrm{Ran}(R)$ 之程度為該 y 相對於所有 $x \in X$ 之模糊關係 $R(X,Y)$ 之最強者"。

其實讀者應該可以看出，對二元關係 $R(X,Y)$ 而言

$$\mathrm{Dom}(R(x)) = \big\{ R \downarrow \{X\} \big\}(x),$$

且

$$\mathrm{Ran}(R(y)) = \big\{ R \downarrow \{Y\} \big\}(y).$$

另外一個名詞，模糊關係 $R(X,Y)$ 之 "高度"寫成 $H(R)$，定義成

$$H(R) = \max_{y \in Y} \max_{x \in X} R(x,y).$$

二元模糊關係 $R(X,Y)$ 之最方便表示法為矩陣形式，即

$$R = [r_{xy}] , \qquad r_{xy} = R(x, y) ,$$

見(5.12)式。另一種表示法是"箭圖(sagittal diagram)",如圖 5.3。

$$R = \begin{matrix} & \begin{matrix} y_1 & y_2 & y_3 & y_4 & y_5 \end{matrix} \\ \begin{matrix} x_1 \\ x_2 \\ x_3 \\ x_4 \\ x_5 \end{matrix} & \begin{bmatrix} 0.8 & 0.9 & 1.0 & 0.0 & 0.0 \\ 0.0 & 0.5 & 0.6 & 0.5 & 0.0 \\ 0.0 & 0.0 & 0.4 & 0.6 & 0.8 \\ 0.0 & 0.0 & 0.0 & 0.7 & 1.0 \\ 0.0 & 0.0 & 0.0 & 0.0 & 0.9 \end{bmatrix} \end{matrix} \qquad (5.12)$$

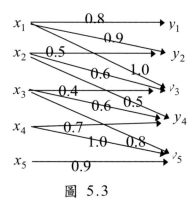

圖 5.3

另外 $R^{-1}(Y, X)$ 是一個定義在 $Y \times X$ 的模糊關係,它是 $R(X, Y)$ 之反關係 (inverse),亦即

$$R^{-1}(y, x) = (R(x, y))^{-1}, \quad x \in X, \ y \in Y .$$

因此

$$R^{-1} = \left[\hat{r}_{yx}\right] \ ,$$

其中 $\hat{r}_{yx}$ 是 R 中之 r_{xy}。套用線性代數矩陣之用語

$$R^{-1} = \text{Transpose of } R = R^T,$$

也就是說 R^{-1} 在模糊關係中就是代表線性代數中的 R^T。所以在二元模糊關係中

$$(R^{-1})^{-1} = R .$$

以下我們將探討二元模糊關係之合成(composition)。模糊關係之合成有許多不同之定義算法,在此先提常用的 "標準合成"法(standard composition),定義為

$$R(x, z) = (P \circ Q)(x, z) = \max_{y \in Y} \min \left[P(x, y), Q(y, z)\right] \qquad (5.13)$$

其中 $R(X, Z), P(X, Y)$ 及 $Q(Y, Z)$ 均為二元模糊關係,且 $x \in X$,$y \in Y$,$z \in Z$。因為用了 max 及 min 所以 "標準合成"又稱為 "最大-最小合成" (max-min composition)。若 $R = [r_{xz}]$, $P = [p_{xy}]$,$Q = [q_{yz}]$,則 (5.6) 式可改寫為

$$r_{xz} = \max_{y} \min(p_{xy}, q_{yz}) \qquad (5.14)$$

事實上(見 [45] 第 96 頁),

$$R(x, z) = (P \circ Q)(x, z) \Leftrightarrow [\{P \uparrow Z\} \cap \{Q \uparrow X\}] \downarrow \{X \times Z\} \qquad (5.15)$$

可見 "映射" 與 "柱形擴充" 在模糊關係合成運算中都被用到了，只是很難在平面紙上畫出三維空間來表示(5.15)式。建議讀者作模糊關係合成運算時，還是使用(5.14)較方便。看個例子吧。

例 5.5：若 $P = \begin{bmatrix} 0.3 & 0.5 & 0.8 \\ 0.0 & 0.7 & 0.9 \\ 0.5 & 0.7 & 1.0 \end{bmatrix}$, $Q = \begin{bmatrix} 0.3 & 0.5 & 0.7 & 0.9 \\ 0.1 & 0.3 & 0.5 & 0.7 \\ 0.0 & 1.0 & 0.5 & 0.5 \end{bmatrix}$

則 $R = P \circ Q = \begin{bmatrix} 0.3 & 0.8 & 0.5 & 0.5 \\ 0.1 & 0.9 & 0.5 & 0.7 \\ 0.3 & 1.0 & 0.5 & 0.7 \end{bmatrix}$。其中

$$\begin{aligned}
r_{12} &= \max(\min(p_{11}, q_{12}),\ \min(p_{12}, q_{22}),\ \min(p_{13}, q_{32})) \\
&= \max(\min(0.3, 0.5),\ \min(0.5, 0.3),\ \min(0.8, 1.0)) \qquad , \\
&= \max(0.3,\ 0.3,\ 0.8) = 0.8
\end{aligned}$$

及

$$\begin{aligned}
r_{23} &= \max(\min(p_{21}, q_{13}),\ \min(p_{22}, q_{23}),\ \min(p_{23}, q_{33})) \\
&= \max(\min(0.0, 0.7),\ \min(0.7, 0.5),\ \min(0.9, 0.5)) \qquad , \\
&= \max(0.0,\ 0.5,\ 0.5) = 0.5
\end{aligned}$$

其他 r_{ij} 均可同法求出而建立起矩陣 R。

值得一提的是作模糊關係合成時，也要如在作兩矩陣相

乘時一樣，應注意矩陣間之長寬匹配問題。如上例 $R = P \circ Q$，P 是 3×3 矩陣，Q 是 3×4 矩陣，可以匹配，而 R 則會是 3×4 矩陣了。若 Q 是 4×3，則 P 與 Q 不匹配，便無法計算 R 了。另外兩個模糊關係矩陣在合成時，也要注意關係集合之定義域的匹配。如

$$P(X, \overline{Y) \circ Q(Y}, Z)$$

可也，但

$$Q(Y, \overline{Z) \circ P(X}, Y)$$

則不可也！模糊關係合成之運算其實在生活應用上有其價值，我們舉一個例子如下。

例 5.6：若 P 為一模糊關係，代表公司三位員工 x, y, z 的個性：積極性 α、外向 β、靈巧度 γ，Q 為另一模糊關係，代表三種工作 a, b, c 需要的工作個性，則公司主管可以根據模糊關係合成之運算 $P \circ Q$，來決定哪個員工適合哪種工作。

$$P = \begin{array}{c} x \\ y \\ z \end{array} \begin{bmatrix} 1 & 0.4 & 0.7 \\ 0.3 & 1 & 0.5 \\ 0.8 & 0.2 & 1 \end{bmatrix}, \qquad Q = \begin{array}{c} \alpha \\ \beta \\ \gamma \end{array} \begin{bmatrix} 0.6 & 0.9 & 1 \\ 1 & 0.7 & 0.8 \\ 0.5 & 1 & 0.6 \end{bmatrix},$$

則我們可得
$$P \circ Q = \begin{array}{c} \\ x \\ y \\ z \end{array} \begin{array}{ccc} a & b & c \\ \begin{bmatrix} 0.6 & 0.9 & 1 \\ 1 & 0.7 & 0.8 \\ 0.6 & 1 & 0.8 \end{bmatrix} \end{array}.$$

可見員工 x 最適合擔任工作 c，員工 y 最適合擔任工作 a，員工 z 最適合擔任工作 b。

由上例可見，模糊關係合成運算，在一般生活上也蠻實用的。

5.5 本章總結

在本章中我們介紹了模糊關係之定義、表示法、性質、及相關運算，另外也探討了二元模糊關係之合成運算。除此之外我們也學到了如何由一個已知的模糊關係，求得它的 "映射關係(projection)" 與 "柱形擴充(cylindric extension)" 以及它們各自的意義。

習題

5.1. 利用表 5.1 之第一直行 $R(x, y, z)$，把其他各行元素全部驗算出來。

5.2. 利用表 5.1 的 $R_3(u_3)$ 那一直行，利用柱形擴充推導出 $R_{31}(u_3, u_1)$，$R_{32}(u_3, u_2)$，再用 $R_{32}(u_3, u_2)$ 推導出 $R(u_3, u_2, u_1)$。

5.3. 一個模糊關係 $R(X, Y)$ 如下

$$R = \begin{matrix} & Y \\ X & \begin{bmatrix} 0.3 & 0.6 & 0 & 1 \\ 0.7 & 0 & 1 & 0.5 \\ 0.5 & 0 & 0 & 0.2 \\ 0 & 0 & 1 & 0 \end{bmatrix} \end{matrix},$$

求出 $\mathrm{Dom}R(x), \mathrm{Ran}R(y),$ 及 $\mathrm{H}(R)$。

5.4. 下面四個模糊關係矩陣 $P(X,Y)$、$Q(Y,Z)$、$R(X,Z)$ 及 $S(W,Z)$，請求 $P \circ Q$; $P^{-1} \circ R$; 及 $S \circ Q^{-1}$。

$$P = \begin{bmatrix} 1 & 0.7 & 0.5 \\ 0.7 & 1 & 0.5 \\ 0.5 & 0.5 & 1 \end{bmatrix}, \qquad Q = \begin{bmatrix} 0.6 & 0.7 & 0.8 & 0.9 \\ 0.9 & 1.0 & 0.8 & 0.6 \\ 0.4 & 0.7 & 0.5 & 0.8 \end{bmatrix}.$$

$$R = \begin{bmatrix} 0.2 & 0.8 & 0.5 & 0.7 \\ 0.8 & 0.9 & 1.0 & 0.4 \\ 0.9 & 0.4 & 0.7 & 0.6 \end{bmatrix}, \qquad S = \begin{bmatrix} 1.0 & 0.2 & 0.6 & 0.9 \\ 0.7 & 0.6 & 0.7 & 0.5 \\ 0.5 & 0.8 & 0.8 & 0.7 \\ 0.6 & 0.7 & 0.8 & 1.0 \end{bmatrix}.$$

5.5. 由上一題之結果，請求出 $\{R \downarrow X\}(x)$ 及 $\{S \downarrow Z\}(z)$. 然後再分別算出 $\{R_X \uparrow Z\}(x, z)$ 與 $\{S_Z \uparrow W\}(w, z)$ 的柱形擴充在 $U = X \times Z$ 和 $U = W \times Z$ 維度上。

第 六 章

模 糊 推 論

6.1 語句變數(Linguistic variables)

　　語句變數的意義在於描述一個變數不是用"數字",乃是用"語句",如溫度是一個變數,若我們說溫度"很低",或"很高"而不是說溫度 15 度,25 度,則此溫度即為語句變數。在我們的日常生活中,我們常會用一些形容詞來描述事件或物件,如「年紀很大」或「身高很高」,"很大"或"很高"這些形容詞是用來描述"年紀"或"身高",因此這邊的年紀及身高就是所謂的語句變數(linguistic variables)了。這些"語句變數"往往就是所謂的宇集合,而那些"值"(也就是"形容詞")就是定義在該宇集合的模糊集合了。我們再舉個例子說明一下,以增加讀者的了解。

例 6.1:一部汽車之速度是一個變數,我們以 x 代表,它的範圍是[0, V],V 是 x 之最大值,亦即該汽車之最大速度。現在我們在 [0, V] 為宇集下定義三個模糊集合,慢、中、快,如圖 6.1。則我們可以把速度 x 看成一個"語句變數",而慢、中、快就是 x(語句變數)的"值"。換句話說,因為我們用快、慢等形容詞去描述速度,"x 是慢的"或"x 是快速的",所以此速度就是"語句變數"。當然,也可以說"x 是 40 公里/小時"或"x 是 100 公里/小時",但如此描述,則此 x 就不是"語句變數"了。

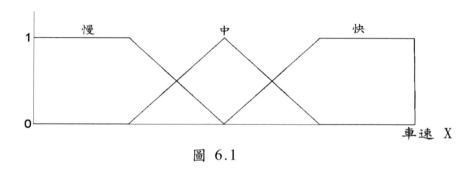

圖 6.1

一般而言，一個語句變數包括了四項資料：名稱(title)，種類(class)， 範圍(range)，及程度(degree)。

1. 名稱(title)：如上例中之"車速"。

2. 種類(class)：如上例中之慢、中、快三種。

3. 範圍(range)：如上例中車速之最小到最大之範圍。

4. 程度(degree)：如圖 6.1 中，我們須定義出慢、中、快各個模糊集合之形狀，代表該語句變數在宇集中之各點的程度如何。

相信讀者也察覺到在"數值變數"中，它們是明確的，如 $x = 20, x = 100$；但對"語句變數"而言，它們則是模糊的，如圖 6.1。

6.2 比較型語句變數

事實上我們在日常生活中並不只用單調形容詞，如上例中的慢、中、快而已，而常使用"比較型"的形容詞，如"很慢"、"很快"，或"非常慢"、"非常快"、"稍慢"、"稍快"，諸如此類的語句。若以圖 6.1 之模糊集合為例，我們令 A 是一個表示車

速的模糊集合"快",而比較型語句變數也可以模糊集合之形式
表達。有學者建議如下表示:

$A(x)$ 是車速"快"之模糊集合歸屬函數;

$B(x) = A^2(x)$ (歸屬度平方)是車速"很快"之模糊集合之歸屬
函數;

$C(x) = A^{\frac{1}{2}}(x)$ (歸屬度開根號)是車速"稍快"之模糊集合之
歸屬函數;

而 $D(x) = A^3(x)$ (歸屬度立方)代表車速"非常快"。

若車速"快"之模糊集合 $A(x)$ 如圖 6.2 中的直線(ii),根據以上
的建議,"很快"之模糊集合 $B(x) = A^2(x)$ 就是曲線(iii),"稍快"
之模糊集合 $C(x) = A^{\frac{1}{2}}(x)$ 就是曲線(i)了,"非常快"當然就是曲
線(iv)了。因此假設 $x = 90, A^3(x) \leq A^2(x) \leq A(x) \leq A^{\frac{1}{2}}(x)$ 是必然
的,意思是說車速 90 公里/hr 算"非常快"之程度小於算"快"之
程度,其他類推。

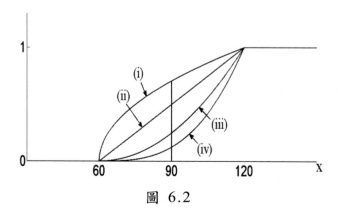

圖 6.2

再看一個例子：

例 6.2 ： 我們擲一個骰子，骰子的點數所成的集合 $X = \{1, 2, 3, 4, 5, 6\}$ 為宇集合。骰子的點數是"小的"的模糊集合若為

$$小的 = \frac{1}{1} + \frac{0.8}{2} + \frac{0.6}{3} + \frac{0.4}{4} + \frac{0.2}{5} + \frac{0.1}{6},$$

那根據上面所謂的比較型模糊集合，"很小的"就是

$$很小的 = (小的)^2 = \frac{1}{1} + \frac{0.64}{2} + \frac{0.36}{3} + \frac{0.16}{4} + \frac{0.04}{5} + \frac{0.01}{6},$$

又

$$非常小的 = (小的)^3 = \frac{1}{1} + \frac{0.51}{2} + \frac{0.22}{3} + \frac{0.06}{4} + \frac{0.008}{5} + \frac{0.001}{6},$$

當然

$$稍小的 = (小的)^{\frac{1}{2}} = \frac{1}{1} + \frac{0.94}{2} + \frac{0.77}{3} + \frac{0.63}{4} + \frac{0.45}{5} + \frac{0.32}{6}.$$

值得一提的是，以上 $A^2(x)$、$A^3(x)$ 或 $A^{\frac{1}{2}}(x)$ 分別定義"很 A"、"非常 A"或"稍 A"均只是"慣例"或"建議"，而不是"規定"，我們並不一定非如此計算不可。如上例中"很小的"，我們定義成

$$很小的 = \frac{1}{1} + \frac{0.7}{2} + \frac{0.4}{3} + \frac{0.2}{4} + \frac{0.1}{5} + \frac{0.05}{6},$$

也未嘗不是合理的。模糊集合歸屬度之值本來就是主觀的，只要不違常理，是可以接受的。

6.3 模糊命題(Fuzzy propositions)

在本節中，我們將介紹一些簡單的模糊規則。先從簡單的推理句開始

$$若(If)……,\quad 則(then)…….\quad (6.1)$$

在(6.1)中 (……)代表一個模糊命題(fuzzy propositions)。一般而言，模糊命題有兩種，一為原始模糊命題(atomic fuzzy proposition)、另一為複合模糊命題(compound fuzzy proposition)。原始模糊命題是一個單一敘述，如

x 是白色的; y 是高的; z 是肥胖的。

以上 x, y, z 是語句變數，白色、高或肥胖則分別是 x、y 和 z 的值(模糊集合)。而複合模糊命題則是多個原始模糊命題之組合，用 "且(and)"、"或(or)"、"非(not)"互相運用而組合成的，如

$$x 是白色的，且高的，且胖的，\quad (6.2a)$$
$$y 是快的，或是很快的，\quad (6.2b)$$
$$z 是非白色的，且非高的，或是胖的。\quad (6.2c)$$

複合模糊命題也可以是由每個獨立的原始模糊命題組合而成的，如

$$x 是白色的，且 y 是快的，或 z 是瘦的。\quad (6.3)$$

一般而言，(6.3)式之複合模糊命題反而比(6.2)形式的複合模糊命題常見。如 x 是車速的話，y 代表 $\dot{x}$ 即車的加速度，則我們可能會用到如下之複合命題

$$x \text{ 是快的，且 } y \text{ 是正的。} \quad (6.4)$$

有沒有覺得(6.4)式之命題有模糊關係 $R(X,Y)$ 之影子？因為 (6.4)中有兩個模糊變數。別懷疑！(6.4)式因為有兩個維度，本來就可以看成是一個模糊關係。既是一個模糊關係，那麼該有歸屬度之定義囉！以下就將探討這個問題。

(a) 若一個複合模糊命題用"且(and)"來組合，如

$$x \text{ 是 } A \text{，且 } y \text{ 是 } B \text{。}$$

其中 A 及 B 分別定義在宇集合 X 及 Y 中之兩個模糊集合，我們可看成一個模糊關係 $A \cap B$ 定義在 $X \times Y$ 上，它們的歸屬函數可寫成

$$(A \cap B)(x, y) = t(A(x), B(y)),$$

其中 $t: [0, 1] \times [0, 1] \rightarrow [0, 1]$ 是一種模糊交集，或 $t-$範數(t-norm)。

(b) 若一個複合模糊命題用"或(or)"來組合，如

$$x \text{ 是 } A \text{，或 } y \text{ 是 } B \text{。}$$

我們可看成一個定義在 $X \times Y$ 上之模糊關係 $A \cup B$，它們的歸屬函數可寫成

$$(A \cup B)(x, y) = s(A(x), B(y)),$$

其中 $s : [0, 1] \times [0, 1] \to [0, 1]$ 是任一種模糊聯集，或 s－範數(s-norm)。

(c) 若複合模糊命題中有 "非(not)" 在其中，如

$$x \text{ 是 } A，\text{或 } y \text{ 是非 } B。$$

則推想得知

$$(A \cup \overline{B})(x, y) = s(A(x), \overline{B}(y)),$$

$\overline{B}$ 表示 B 之補集合(詳見第三章)。是不是有些概念了？我們舉一個例子練習看看。

例 6.3：一個複合模糊命題

$$(x \text{ 是 } A，\text{且 } y \text{ 是非 } B)，\text{或 } z \text{ 是 } C。$$

它的歸屬函數表示法可寫成

$$s(t(A(x), \overline{B}(y)), C(z))。$$

6.4 模糊推理句

　　本節探討模糊命題放在(6.1)的推理句內，如"若 p，則 q"，其中 p 及 q 即為模糊命題。推理句"若 p，則 q"，往往以 $p \rightarrow q$ 來表示。若在傳統邏輯中，$p \rightarrow q$，其中 p, q 為命題且其值非"真"即"偽"。平常"真"用"T（true）"，"偽"用"F（false）"來表示。而 $p \rightarrow q$ 之真值表如表 6.1。從表 6.1 可看出，若 p 為真，q 為真，則 $p \rightarrow q$ 為真；若 p 為真，q 為偽，則 $p \rightarrow q$ 為偽；若 p 為偽，q 為真或偽，則 $p \rightarrow q$ 為真。

表 6.1

p	q	$p \rightarrow q$
T	T	T
T	F	F
F	T	T
F	F	T

我們以下面簡單的例子來解釋表 6.1 的邏輯意義，

例 6.4：老闆昨天買了一張明天要開獎的彩券，然後跟同仁說「如果我的這張彩券中了頭獎，則我就送每位同仁一支手機。」那如何檢查老闆有沒有信守承諾呢？

第一種情形：明天開獎後，老闆中了頭獎(T)，因此送每位同
仁手機(T)。

老闆沒有違背承諾(T)。

第二種情形：明天開獎後，老闆中了頭獎(T)，卻沒有送同仁
手機(F)。

老闆違背承諾了(F)。

第三種情形：明天開獎後，老闆沒有中頭獎(F)，但心情不錯，
還是送每位同仁一支手機(T)。

老闆沒有違背承諾(T)。

第四種情形：明天開獎後，老闆沒有中頭獎(F)，也沒有送同
仁手機(F)。

老闆沒有違背承諾(T)。

以上例子告訴了讀者，老闆是否違背承諾，就是 $p \rightarrow q$ 的真偽
了。

有件事很奇妙，$p \rightarrow q$ 在表 6.1 之結果可以用

$$\bar{p} \vee q \quad 或 \quad (p \wedge q) \vee \bar{p} \quad (6.5)$$

來算出相同之結果，其中 $\bar{p}, \vee, \wedge$ 分別表示傳統邏輯中之"非 p"，"或"，"且"運算。在表 6.1 中，我們可看到在傳統邏輯中 p, q 與 $p \to q$ 為一個明確的二元值，"真(1)"或"偽(0)"表示。

　　若現在 $p \to q$ 中，p 與 q 為模糊命題，如 6.3 節所述，p 與 q 會有模糊集合中歸屬函數之表示其真偽程度(介於 0 與 1 之間)，當然 $p \to q$ 也應會有歸屬函數值。在此我們稱" $p \to q$ "為模糊推理句，而把 $p \to q$ 看成一個模糊關係。舉例來說，p 是模糊命題"x 是小的"，q 是模糊命題"y 是大的"。"小的"就是一個模糊集合，其歸屬函數值即代表 x 是小的(真實度)的程度；同理是"大的"也是一個模糊集合，其歸屬函數亦代表 y 是大的(真實度)的程度。而 $p \to q$ 則代表"x 是小的，y 是大的"這整個推理句在 $(x, y), x \in X, y \in Y$ 那一點的真偽程度，且把該真偽程度用歸屬函數來表示，換句話說就是把 $p \to q$ 看成一個模糊關係。簡單表示如下

$$(x \text{是} A) \to (y \text{是} B) \Leftrightarrow (x, y) \text{是} R$$

其中 A 與 B 為模糊集合，R 是模糊關係。接下來我們將要探討如何計算模糊推理句"若 p 則 q"的歸屬函數值。

　　為了與傳統邏輯有所區分，我們將用"若　FP_1　則　FP_2"或 " $FP_1 \to FP_2$ "來表示模糊推理句，其中 FP_1 及 FP_2 均為模糊命題(可能是原始命題或複合命題)，當然它們也可看成一個模糊關係分別定義在 $X = X_1 \times X_2 \times \cdots \times X_n$ 及 $Y = Y_1 \times Y_2 \times \cdots \times Y_k$ 上，(若是原始命題，則　$X = X_1$ 及 $Y = Y_1$)。如同傳統邏輯之(6.5)式，模糊推理句也有它的模糊關係定義（亦即模糊關係中的歸屬函

數之計算方法）。同樣的，在模糊推理句中之模糊關係定義也會用到 "$\overline{FP_i}$"(非 FP_i)，"$\vee$"("或"或是"聯集")，及 "$\wedge$"("且"或是"交集")之運算。 但麻煩的是在模糊集合領域內，補集、交集、聯集之定義不一，許多文獻均提出了不同之定義，因此造成模糊關係之計算也有不同之方法。現舉出一些較為常見的推理句 "$FP_1 \rightarrow FP_2$" 之模糊關係計算法則，以下稱為 "某某表示法"(xxx implication)。

(1) 丹尼-理查表示法(Dienes-Rescher implication)：

利用 (6.5) 左式，但 $\overline{FP_1}(x) \underline{\underline{\Delta}} (1 - FP_1(x)), x \in X$，"$\vee$"表示 max，亦即

$$(FP_1 \rightarrow FP_2) \Leftrightarrow \max[1 - FP_1(x), FP_2(y)] \equiv R_{DR}(x, y), \tag{6.6}$$

以上我們把 $FP_1 \rightarrow FP_2$ 之模糊關係的歸屬函數寫成 $R_{DR}(x,y)$，$x \in X, y \in Y$，R_{DR} 之下標 DR 代表 Dienes-Rescher。

(2) 路卡表示法(Lukasiewicz implication)：

也是利用 (6.5) 左式，但 $\overline{FP_1}(x) \underline{\underline{\Delta}} (1 - FP_1(x)), x \in X$，"$p \vee q$"表示 $\min[1, p+q]$，則

$$(FP_1 \rightarrow FP_2) \Leftrightarrow \min[1, (1 - FP_1(x)) + FP_2(y)] \equiv R_L(x, y), \tag{6.7}$$

$R_L(x,y), x \in X, y \in Y$，代表 $(FP_1 \rightarrow FP_2)$ 模糊關係之歸屬函數。

(3) 札德表示法(Zadeh implication)：

以 (6.5) 右式來推導，"∧"用 min 來表示，"∨"用 max 來表示，$\overline{FP_1}(x)$ 則為 $1 - FP_1(x)$，則

$$(FP_1 \rightarrow FP_2) \Leftrightarrow \max[\min(FP_1(x), FP_2(y)), 1 - FP_1(x)] \equiv R_Z(x, y). \quad (6.8)$$

(4) 古德表示法 (Godel implication)：

這是在傳統邏輯較常用的表示法，現也被移在模糊條件語句中使用。

$$(FP_1 \rightarrow FP_2) \Leftrightarrow Q_G(x, y) \equiv \begin{cases} 1, & \text{若 } FP_1(x) \leq FP_2(y), \\ FP_2(y), & \text{其他} \end{cases} \quad (6.9)$$

(5) 曼達尼表示法 (Mamdani implication)：

這個表示法最簡單也最常用，也是發源最早的。Mamdani 教授（已在第一章中介紹過他）直接把 $FP_1 \rightarrow FP_2$ 看成 "FP_1 且 FP_2"，即 $FP_1 \wedge FP_2$。而 "∧" 用 "最小 (min)" 或 "乘積 (product)" 來表示，亦即

$$(FP_1 \rightarrow FP_2) \Leftrightarrow \min(FP_1(x), FP_2(y)) \equiv R_{MM}(x, y), \quad (6.10a)$$

或

$$(FP_1 \rightarrow FP_2) \Leftrightarrow FP_1(x) \cdot FP_2(y) \equiv R_{MP}(x, y). \quad (6.10b)$$

其中 R_{MM} 之下標代表 Mamdani 及 min，R_{MP} 之下標則是

Mamdani 及 product。

　　以上五種是較為有名的，還有其他多種表示法不再贅述。有一個有趣的現象就是我們可發現以上五種表示法之結果中，有三種歸屬函數有大小順序之別，即

$$R_Z(x,y) \leq R_{DR}(x,y) \leq R_L(x,y).$$

讀者可練習証明上式看看(參考[12]之第 66 頁)。我們現在把以上這些不同的表示法用一個例子計算看看。

例 6.5：在一個戶外大眾浴池，x_1 表示某一時刻泡澡人數的多寡，x_2 表示當時的氣溫，y 表示熱水器瓦斯火之大小。用一個模糊條件語句來定出規則如下：

　　若 x_1 是多的，且 x_2 是冷的，則 y 是大的，其中"多"、"冷"及"大"均為模糊集合，分別定義如下：

$$多(x_1) \underline{\underline{\Delta}} L(x_1) = \begin{cases} 0, & 若\ 0 \leq x_1 \leq 15, \\ \dfrac{x_1 - 15}{20}, & 若\ 15 \leq x_1 \leq 35, \\ 1, & 若\ 35 \leq x_1; \end{cases} \quad (6.11a)$$

$$冷(x_2) \underline{\underline{\Delta}} S(x_2) = \begin{cases} \dfrac{20 - x_2}{10}, & 若\ 10 \leq x_2 \leq 20, \\ 0, & 若\ x_2 > 20; \end{cases} \quad (6.11b)$$

$$大(y) \underline{\underline{\Delta}} B(y) = \begin{cases} 0, & 若\ y \leq 3, \\ \dfrac{y - 3}{3}, & 若\ 3 < y \leq 6, \\ 1, & 若\ y > 6; \end{cases} \quad (6.11c)$$

以 上 三 個 模 糊 集 合 分 別 定 義 在 $X_1 = [0, 50]$，$X_2 = [10, 30]$ 及 $Y = [0, 8]$ 之宇集上。在這個題目上，FP_1 是"若 x_1 是多的，且 x_2 是冷的"，而 FP_2 為"y 是大的"。因 FP_1 為一個複合模糊命題，我們必須先解決 $FP_1(x_1, x_2)$ 之問題。若"且"用"乘積"來表示，則 $FP_1(x_1, x_2) = L(x_1) \cdot S(x_2)$ 是定義在 $X_1 \times X_2$ 之模糊關係，由 (6.11a) 及 (6.11b) 可得

$$FP_1(x_1, x_2) = L(x_1) \cdot S(x_2) = \begin{cases} 0, & \text{若 } 0 \le x_1 \le 15, \text{ 或 } x_2 > 20, \text{(A區)} \\[3mm] \dfrac{20 - x_2}{10}, & \text{若 } 35 < x_1, \text{ 且 } 10 \le x_2 \le 20, \text{(B區)} \\[3mm] \dfrac{(35 - x_1)(20 - x_2)}{200}, & \text{若 } 15 < x_1 \le 35, \text{ 且 } 10 \le x_2 \le 20, \text{(C區)} \end{cases}$$

$$(6.12)$$

(6.12)式並不易從目視中看出，應以如下圖解法幫助分析較能寫出

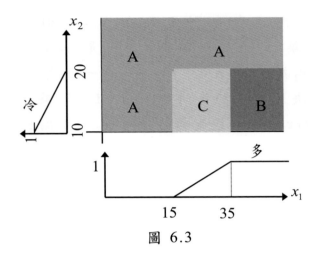

圖 6.3

若我們用曼達尼表示法(6.10a)式,可得

$$R_{MM}(x_1, x_2, y) = \min(FP_1(x_1, x_2), FP_2(y))$$

$$= \begin{cases} 0, & 若\ 0 \le x_1 \le 15\ 或\ x_2 > 20,\ 或\ y \le 3.\ (A區) \\[2em] \min[\dfrac{y-3}{3}, \dfrac{20-x_2}{10}], & 若\ 35 < x_1\ 且\ 10 \le x_2 \le 20,\\ & 且\ 3 < y \le 6. \qquad\qquad (B區) \\[2em] \min[\dfrac{y-3}{3}, \dfrac{(35-x_1)(20-x_2)}{200}], & 若\ 15 < x_1 \le 35\ 且\ 10 \le x_2 \le 20,\\ & 且\ 3 < y \le 6. \qquad\qquad (C區) \\[2em] \dfrac{20-x_2}{10}, & 若\ 35 < x_1\ 且\ 10 \le x_2 \le 20,\\ & 且\ y > 6. \qquad\qquad (D區) \\[2em] \dfrac{(35-x_1)(20-x_2)}{200}, & 若\ 15 < x_1 \le 35\ 且\ 10 \le x_2 \le 20,\\ & 且\ y > 6. \qquad\qquad (E區) \end{cases}$$

$$(6.13)$$

(6.13)式也可用圖示法寫出(見圖 6.4)

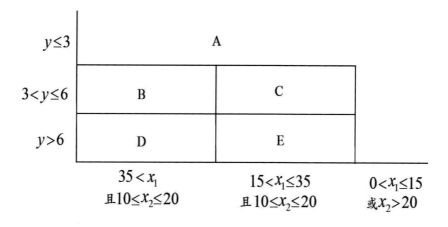

圖 6.4

也可用曼達尼表示法(6.10b)式來作

$$R_{MP}(x_1, x_2, y) = FP_1(x_1, x_2) \times FP_2(y)$$

$$= \begin{cases} 0, & \text{若 } 0 \le x_1 \le 15 \text{ 或 } x_2 > 20, \text{ 或 } y \le 3. \text{ (A區)} \\[2ex] \dfrac{y-3}{3} \times \dfrac{20-x_2}{10}, & \begin{aligned} &\text{若 } 35 < x_1 \text{ 且 } 10 \le x_2 \le 20, \\ &\qquad\text{且 } 3 < y \le 6. \end{aligned} \quad \text{(B區)} \\[3ex] \dfrac{y-3}{3} \times \dfrac{(35-x_1)(20-x_2)}{200}, & \begin{aligned} &\text{若 } 15 < x_1 \le 35 \text{ 且 } 10 \le x_2 \le 20, \\ &\qquad\text{且 } 3 < y \le 6. \end{aligned} \quad \text{(C區)} \\[3ex] \dfrac{20-x_2}{10}, & \begin{aligned} &\text{若 } 35 < x_1 \text{ 且 } 10 \le x_2 \le 20, \\ &\qquad\text{且 } y > 6. \end{aligned} \quad \text{(D區)} \\[3ex] \dfrac{(35-x_1)(20-x_2)}{200}, & \begin{aligned} &\text{若 } 15 < x_1 \le 35 \text{ 且 } 10 \le x_2 \le 20 \\ &\qquad\text{且 } y > 6. \end{aligned} \quad \text{(E區)} \end{cases}$$

$$(6.14)$$

上式中 (A 區)～(E 區) 同圖 6.4 所示。

　　當然，讀者也可用其他表示法試求看看，如古德、札德、路卡、丹尼-理查表示法等等。我們再舉一個有限宇集合之例子如下：

例 6.6：有一個賭徒，愛玩擲骰子遊戲，有兩個宇集合 $X = \{1, 2, 3, 4, 5, 6,\}$ 表示骰子的點數，$Y = \{100, 200, 300\}$ 表示賠的錢數，若有一模糊推理句

若 x 是小的，則 y 是大的。　(6.15)

其中 $x \in X, y \in Y$；而且小的及大的均為模糊集合如下：

$$小的 = \frac{1}{1} + \frac{0.5}{2} + \frac{0.1}{3} + \frac{0}{4},$$
$$大的 = \frac{0.1}{100} + \frac{0.5}{200} + \frac{1}{300}.$$

此題目的 FP_1 為 "x 是小的"，FP_2 為 "y 是大的"。我們用丹尼-理查表示法 (6.6) 式來求模糊關係 $R_{DR}(x, y)$

$$1 - FP_1(x) = \frac{0}{1} + \frac{0.5}{2} + \frac{0.9}{3} + \frac{1}{4},$$

$$R_{DR}(x, y) = \max[1 - FP_1(x), FP_2(y)]$$
$$= \frac{0.1}{(1, 100)} + \frac{0.5}{(1, 200)} + \frac{1}{(1, 300)} + \frac{0.5}{(2, 100)} + \frac{0.5}{(2, 200)} + \frac{1}{(2, 300)}$$
$$+ \frac{0.9}{(3, 100)} + \frac{0.9}{(3, 200)} + \frac{1}{(3, 300)} + \frac{1}{(4, 100)} + \frac{1}{(4, 200)} + \frac{1}{(4, 300)}$$

$$(6.16)$$

但改用札德表示法 (6.8) 式的話，有下列結果。

$$R_{DR}(x, y) = \frac{0.1}{(1, 100)} + \frac{0.5}{(1, 200)} + \frac{1}{(1, 300)} + \frac{0.5}{(2, 100)} + \frac{0.5}{(2, 200)} + \frac{0.5}{(2, 300)}$$
$$+ \frac{0.9}{(3, 100)} + \frac{0.9}{(3, 200)} + \frac{0.9}{(3, 300)} + \frac{1}{(4, 100)} + \frac{1}{(4, 200)} + \frac{1}{(4, 300)}$$

$$(6.17)$$

讀者也可試試曼達尼、路卡、古德等表示法看看。在 (6.16) 中我們舉一兩項說明看看。 $\frac{1}{(1, 300)}$ 表示當 $x = 1, y = 300$ 時，推

理句 (6.15) 實現的程度為 1；同理 $0.5\big/(2,200)$ 表示 $x = 2, y = 200$ 時，推理句 (6.15) 實現的程度只有 0.5。

6.5 本章總結

　　本章介紹了"語句變數"的定義，及其包含的四項資料，其值以模糊集合的樣式來表示。而比較形的語句變數可以原語句變數作平方、三方或開根號等來近似其對應的模糊集合，但這只是習慣性用法，並不是規定必須要如此定義。另外我們介紹了模糊命題，其包含了原始命題及複合命題兩種。更重要的是我們把這些命題用在模糊條件式語句 (或稱推理句) 中 "若 FP_1，則 FP_2"，而這種條件式語句可看成一個模糊關係，這些模糊關係內之元素之歸屬函數可由許多方法求出，本章介紹了常用的五種方法 (1) 丹尼–理查表示法，(2) 路卡表示法，(3) 札德表示法，(4) 古德表示法及 (5) 曼達尼表示法，並舉數個例子說明之。

習題

6.1. 舉出三個"語句變數"的例子，並把這三個語句變數組合成一個複合模糊命題並寫出它的歸屬函數。

6.2. 請把 6.4 節中的泡澡例子用丹尼–理查表示法及路卡表示法各作一次。

6.3. 請把例 6.6 用曼達尼二個表示法各試作一次。

6.4. 請用路卡表示法 (6.7) 及札德表示法 (6.8) 求出 $(FP_1 \rightarrow FP_2)$ 模糊關係之歸屬函數，其中 $FP1 = \dfrac{0.8}{x1} + \dfrac{1}{x2} + \dfrac{0.7}{x3}$，及 $FP2 = \dfrac{0.6}{y1} + \dfrac{1}{y2}$.

6.5. 一個模糊推理句，若 x 是小的或 y 是大的，則 z 是賺錢多的，其中模糊集合小的、大的、賺錢多的分別表示如下：

$$小的 = \frac{1}{1} + \frac{0.8}{2} + \frac{0.5}{3}, \quad 大的 = \frac{0.5}{4} + \frac{0.7}{5} + \frac{1}{6},$$
$$賺錢多的 = \frac{0.2}{10} + \frac{0.6}{20} + \frac{0.9}{30}$$

(a) 請用標準聯集算出 FP1.

(b) 請用曼達尼乘積表示法及丹尼-理查表示法分別求出 FP1→FP2。

第 七 章

模 糊 邏 輯

7.1 前言

在第六章中，我們已介紹了最簡單的模糊推理句，"若...，則..."及其多種表示法。在本章我們將繼續把這些"模糊推理句"加以變化，組合成更像是"邏輯推理"形式，並且將這些變化組合後之模糊推理句，變成一個"命題＋推理→結論"之計算方法逐一介紹給讀者們。是否對以上說明覺得有點迷迷糊糊？好，舉個例子更清楚地闡述本章之宗旨如下：

在第六章中，我們探討

$$「若 FP_1 是 A，則 FP_2 是 B」。$$

例如： 「若天氣是熱的，則冷氣要強」。

這種推理句的模糊關係計算法。而在本章，我們將推展到以下問題：

若是已知

$$「若天氣是熱的，則冷氣要強」。 \tag{7.1}$$

那現在「若天氣稍熱，則冷氣要開多大？」命題是"若天氣稍熱"，推理句是(7.1)，那該如何判斷冷氣的調整呢？這些"語句"要如何用模糊集合或模糊關係來表示？又要如何計算冷氣調整的結果呢？這就是本章所要探討的問題。

7.2 模糊邏輯推理

　　在傳統邏輯上，若有二個命題變數 p 及 q，我們應該學過以下的真值表。

表 7.1

p	q	$p \wedge q$	$p \vee q$	$p \rightarrow q$	$p \leftrightarrow q$	$\bar{p}$
T	T	T	T	T	T	F
T	F	F	T	F	F	F
F	T	F	T	T	F	T
F	F	F	F	T	T	T

上表中，符號"$\wedge$"、"$\vee$"、"$\rightarrow$"、"$\leftrightarrow$"、"$-$"分別表示"且"、"或"、"若...，則..."、"等於"、及"非"的意義。每一格中之真值非 T(真)即 F(偽)，完全二值化。從現在起我們也要把模糊命題做以上的運算，而且要將這些運算實現在模糊邏輯推理上。

　　模糊邏輯推理上最常用的有以下三種：

(1)　廣義肯定前提式(Generalized Modus Ponens (GMP))：

前　提：x 是 A'
推理句：若　x　是 A，則　y　是 B

結　論：y 是 B'

其中，前提是一個模糊命題，推理句就是一個模糊推理句，而結論"y 是 B'"則又是一個模糊命題；A、B、A' 及 B' 均為模糊集合。為了簡化文字，以下"廣義肯定前提式"將用 GMP 來代表。*GMP* 可看成一個控制系統，輸入(input)是前提，工場(plant)是推理句，而輸出(output)則是結論，如圖 7.1。當然囉，若 *A'* 愈像 *A*，則 *B'* 就會愈像 *B*。其實 *A'* 可代表其他不同程度的 *A*，如"很 *A*"、"非常 *A*"、"稍 *A*"、或"非 *A*"等等。因此，*B'* 就可能是"很 *B*"、"非常 *B*"、"稍 *B*"、或"非 *B*"等等。這些 *A'* 及 *B'* 可由前章 6.2 節來定義。從圖 7.1 可解釋如下，我們提供輸入(前提)，又已知工場(推理句)，則如何求其輸出(結論)是我們該解決的問題。

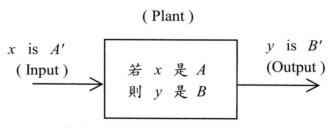

圖 7.1 GMP 與控制系統之關係

(2) 廣義否定後論式(Generalized Modus Tollens (GMT))：

後　論　：*y* 是 *B'*
推理句：若 *x* 是 *A*，則 *y* 是 *B*

前　提　：*x* 是 *A'*

我們用簡寫 *GMT* 代表廣義否定後論式，*GMT* 可看成一個由工場(plant)及輸出(後論 output)來反推輸入(前提 input)的控制系統。*A*、*B*、*A'* 及 *B'* 均為模糊集合與 *GMP* 中定義相同。

(3) 廣義假設三段式(Generalized Hypothetical Syllogism (GHS)) :

推理句 1：若 x 是 A，則 y 是 B
推理句 2：若 y 是 B'，則 z 是 C

結　論　：若 x 是 A，則 z 是 C'

我們用簡寫 GHS 代表廣義假設三段式，GHS 中若 B' 如何像 B，則 C' 將會如何像 C，由 GHS 可看出，由前兩個推理句之關係，我們可以推論出結論的推理句。A、B、A'、B'、C、及 C' 均為模糊集合與 GMP 中定義相同或相似。

以上三種模糊邏輯推理法是很重要的基礎，將在模糊控制規則庫的運算中一再使用。

在前一章中，我們曾介紹模糊推理句是一個模糊關係，而這模糊關係之歸屬函數求法也曾一一提及。在這裡，我們將針對上面三種模糊邏輯推理式之結論作詳細的公式推導。換言之，在 GMP 及 GMT 中，我們分別要提出模糊集合的歸屬函數 $B'(y)$、$A'(x)$ 之求法。在 GHS 中，我們則提出 $A \to C'$ 其模糊關係的歸屬函數 $(A \to C')(x,y)$ 之求法。

(1)廣義肯定前提式(GMP)

A 與 A' 為二個定義在宇集 X 之模糊集合，B 與 B' 是定義在宇集 Y 的模糊集合，而 $A \to B$(推理句)在第六章中則是定義在 $X \times Y$ 之模糊關係。因此結論"y 是 B'"之模糊集合歸屬函數可以下式運算之：

$$B'(y) = \max_{x \in X} \{ t [\underbrace{A'(x)}_{\Downarrow} , \underbrace{(A \to B)(x,y)}_{\Downarrow}] \} \qquad (7.2)$$

前提　　　　推理句

其中 $t [\cdot,\cdot]$ 表示 t-範數(交集)運算。

由 (7.2) 式可看成 $A'(x) \circ (A \to B)(x,y)$ 的結果，也就是 $A' \circ R$ 之合成式子，其中 $R = A \to B$，而 A 與 R 之間的符號 "$\circ$"，即代表 (7.2) 式中「先交集 $t [\cdot,\cdot]$ 後取 $\max$」之運算。若用標準運算法 $t(a,b) = \min(a,b)$，則 (7.2) 式即為第五章中的 $A \circ R$ 之標準合成運算 (見 (5.13))。

$$B'(y) = \max_{x \in X} \{ \min [A'(x) , R(x,y)] \} \qquad (7.3)$$

這裡要注意的是 $B'(y)$ 是一個定義在宇集 Y 上的模糊集合。(7.3) 式的計算方法為：固定某個 y 值，對每一個 $x \in X$，取 $A'(x)$ 與 $R(x,y)$ 之較小值，再將所有 x 相對的所有 $\min [A'(x) , R(x,y)]$ 值取最大值，此即為 $B'(y)$。

(2) 廣義否定後論式 (GMT)

　　A、A'、B、B' 及 $A \to B$ 均同定義於 GMP。而前提 "x 是 A'"，則被定義成：

$$A'(x) = \max_{y \in Y} \{ t [B'(y) , (A \to B)(x,y)] \} \qquad (7.4)$$

(7.4) 式 可 看 成 ($B' \circ R$) 之 合 成 式 子 ， 其 中 $R = A \to B$ 。 若 $t(a,b) = \min(a,b)$ ， 則 (7.4) 式 即 為 常 見 之 標 準 合 成 運 算

$$A'(x) = \max_{y \in Y} \left\{ \min[B'(y), R(x,y)] \right\} \tag{7.5}$$

這 裡 要 注 意 的 是 $A'(x)$ 是 一 個 定 義 在 宇 集 X 上 的 模 糊 集 合 。

(3) 廣 義 假 設 三 段 式 (GHS)

　　A 、 B 、 B' 、 $A \to B$ 均 同 定 義 於 GMP 。 C 與 C' 是 定 義 在 Z 之 模 糊 集 合 ； $A \to C'$ 及 $B' \to C$ 分 別 定 義 在 $X \times Z$ 及 $Y \times Z$ 上 。 而 結 論 $A \to C'$ 之 定 義 如 下 ：

$$(A \to C')(x,z) = \max_{y \in Y} \left\{ t[(A \to B)(x,y), (B' \to C)(y,z)] \right\} \tag{7.6}$$

(7.6) 式 可 看 成 兩 個 模 糊 關 係 合 成 ， 即 $R_{AC'} = R_{AB} \circ R_{B'C}$ 。 其 中 $R_{AC'} = A \to C'$ ， $R_{AB} = A \to B$ ， 及 $R_{B'C} = B' \to C$ 。 若 $t(a,b) = \min(a,b)$ ， 則 (7.6) 式 又 是 一 個 標 準 的 模 糊 關 係 合 成 運 算

$$R_{AC'}(x,z) = \max_{y \in Y} \left\{ \min[R_{AB}(x,y), R_{B'C}(y,z)] \right\} \tag{7.7}$$

亦 即 (5.13) 式 之 樣 式 。 這 裡 要 注 意 的 是 $R_{AC'}(x,z)$ 是 一 個 定 義 在 $X \times Z$ 上 的 模 糊 關 係 。 (7.7) 式 的 計 算 方 法 為 ： 固 定 某 個 x 與 z 值 ， 對 每 一 個 $y \in Y$ ， 取 $R_{AB}(x,y)$ 與 $R_{B'C}(y,z)$ 之 較 小 值 ， 再 將 所 有 y 相 對 的 所 有 $\min[R_{AB}(x,y), R_{B'C}(y,z)]$ 值 取 最 大 值 ， 此 即 為 $R_{AC'}(x,z)$ 。

　　由以上三種模糊邏輯推理中可看出,它們若不是模糊集合與模糊關係之合成,就是模糊關係與模糊關係之合成。而第五章之模糊關係合成計算,在此被使用。另外,在此三種模糊邏輯推理中, $p \rightarrow q$ 型的推理句是一個模糊關係,而其模糊歸屬函數之求法也可為 6.4 節中之任何一種表示法來求出。在此舉一些例子來練習以上三種模糊邏輯推理之運算。

例 7.1：令 t-範數 $t(a,b) = \min(a,b)$, $p \rightarrow q$ 用曼達尼表示法 (6.10b)。在 GMP 中,(a) $A' = A$ 及 (b) $A' = A^{1/2}$ (稍 A),結論會如何呢?(假設 A 是正規模糊集合,也就是 $\max_{x \in X} A(x) = 1$)。

解：(a) 參考 (7.3) 式,其中 $R(x,y)$ 由 (6.10b) 求得。

$$\begin{aligned} B'(y) &= \max_{x \in X} \{ \min[A(x), A(x)B(y)] \} \\ &= \max_{x \in X} \{ A(x)B(y) \}, \quad (因 B(y) \leq 1) \\ &= B(y), \ (因 A(x) \leq 1). \end{aligned}$$

　　(b) 很容易的

$$\begin{aligned} B'(y) &= \max_{x \in X} \{ \min[A^{1/2}(x), A(x)B(y)] \} \\ &= B(y), \ (因 A^{1/2}(x) \geq A(x) \geq A(x)B(y)). \end{aligned}$$

由上例 (a) 中可發現,當輸入 $A' = A$ 時,輸出則為 $B' = B$,完全相等於我們人類直覺。但 (b) 與人類直覺稍有誤差,當輸入為 "稍 A",輸出仍為 $B' = B$,請不用在意,反正照公式計算就是。

讀者也可自行練習，當 $A' = A^2$ (很 A)，及 $A' = A^c$ (非 A) $= 1 - A$ 時，同上例作法，用標準 t-範數及曼達尼表示法(6.10b)，結論(輸出)又會如何呢？　先悄悄宣布答案是：

$$當 \ A'(x) = A^2(x) \ 時， \ B'(y) = B(y)；$$

$$當 \ A'(x) = A^c(x) \ 時， \ B'(y) = \frac{B(y)}{1 + B(y)} 。$$

再舉一個例子如下：

例 7.2：令 t-範數 $t(a,b) = \min(a,b)$，$p \to q$ 用曼達尼表示法(6.10b)，在 GMT 中，(a) $B' = B$，(b) $B' = B^c = 1 - B$ (非 B)，前提會如何呢？(假設 $\max_{y \in Y} B(y) = 1$)。

解：參考(7.5)式及(6.10b) 式，我們可得

(a)
$$\begin{aligned}
A'(x) &= \max_{y \in Y} \left\{ \min \left[B(y), A(x)B(y) \right] \right\} \\
&= \max_{y \in Y} \left\{ A(x)B(y) \right\}, \quad (因 \ A(x) \le 1) \\
&= A(x), \quad (因 \ B(y) \le 1).
\end{aligned}$$

(b)
$$\begin{aligned}
A'(x) &= \max_{y \in Y} \left\{ \min \left[1 - B(y), A(x)B(y) \right] \right\} \quad\quad\quad (7.8) \\
&= 1 - B(y_0) = A(x)B(y_0) = \frac{A(x)}{1 + A(x)}
\end{aligned}$$

因 $A(x)$ 是個小於等於 1 之固定值，x 也是固定的。圖 7.2 中可

見 (7.8) 式等號右邊發生在 $y = y_0$，且 $1 - B(y_0) = A(x)B(y_0)$ 時。讀者可自行練習，當 $B' = 1 - B^{1/2}$，$B' = 1 - B^2$ 時，結論又如何呢？也告訴您答案：若仍用　$t(a, b) = \min(a, b)$ 及曼達尼表示法 (6.10b).

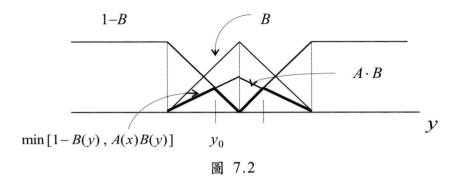

圖 7.2

當　$B'(y) = 1 - B^{1/2}(y)$ 時，　$A'(x) = \dfrac{1 + 2A(x) - (4A(x) + 1)^{1/2}}{2A(x)}$，

當　$B'(y) = 1 - B^2(y)$ 時，　$A'(x) = \dfrac{A(x)(A^2(x) + 4)^{1/2} - A^2(x)}{2}$.

我們接著再看一個 GHS 的例子。

例 7.3：令　t-範數 $t(a, b) = \min(a, b)$，$p \to q$ 用曼達尼表示法 (6.10b)。在 GHS 中，(a) $B' = B$，(b) $B' = $ 非 $B = B^c$ 結論會如何呢？（假設 $\max\limits_{y \in Y} B(y) = 1$）

解：

　　　(a) 從 (7.6) 式得知

$$(A \to C')(x,z) = \max_{y \in Y} \left\{ t \left[A(x)B(y) , B(y)C(z) \right] \right\}$$

$$= \max_{y \in Y} \left\{ \min \left[A(x)B(y) , B(y)C(z) \right] \right\}$$

$$= \max_{y \in Y} \left(B(y) \right) \left\{ \min \left[A(x) , C(z) \right] \right\}$$

$$= \min \left[A(x) , C(z) \right]$$

上面第二個等式到第三個等式的過程，是因為 $\max\limits_{y \in Y}$ 只針對宇集 Y 內取最大值，A、B、C 中只有 B 是以 Y 為宇集的，所以可以把 $B(y)$ 先提出來單獨處理。第四個等式是因為 $\max\limits_{y \in Y} B(y) = 1$ 已在題目中提及。

(b)同(a)之作法

$$(A \to C')(x,z) = \max_{y \in Y} \left\{ \min \left[A(x)B(y) , (1 - B(y))C(z) \right] \right\} \qquad (7.9)$$

$$= \frac{A(x)C(z)}{A(x) + C(z)}$$

上式之推導可參考(7.8)式及圖 7.2，而 $\max\limits_{y \in Y} \left\{ \min \left(\cdot \right) \right\}$ 會發生在

$$A(x)B(y_0) = (1 - B(y_0))C(z) \quad , \qquad y_0 \in Y$$

$$B(y_0) = \frac{C(z)}{A(x) + C(z)} \qquad (7.10)$$

將(7.10)代回(7.9)則答案可得。各位讀者，若您已會利用上面

那些式子計算三種模糊邏輯推理，但最重要的是，還是應該
了解計算過後得到的物理意義是甚麼？若把模糊邏輯推理的
A、B、C分別用"大的"、"快的"、"熱的"這些形容詞(模糊語
句變數)來代替它們，相信必可幫助您的理解。例如在 GMP
中，我們讓 A代表"大的"，B代表"快的"，則 GMP 可改寫成

前　提　：馬力是很大的，(x代表馬力)
推理句：若馬力是大的，則車速是快的，(y代表車速)

結　論　：車速是很快的

其中，前提的"很大"是 A'，結論的"很快"是 B'。若 A' 改為"很
小"，則結論中 B' 就可能為"很慢"了。而不論 A' 是"很大"、"很
小"或"大"，都會有個模糊集合 B'，經(7.2)式運算後，我們就
可得到輸出結論歸屬函數 $B'(x)$，它們可能是車速"很快"、"很
慢"或"中等" 等等的模糊集合。同理，讀者也可用上述方法推
想 GMT 及 GHS。

7.3 本章總結

　　　本章介紹了三種模糊邏輯推論：(1)廣義肯定前提式
(GMP)，(2)廣義否定後論式(GMT)，(3)廣義假設三段式
(GHS)。再利用第六章所提出的各種表示法來代表 $p{\to}q$，並加
上一些 t-範數及模糊關係之合成運算，將以上三種模糊邏輯推
理之前提或結論計算出，並且舉出數個例子來說明。最後，
利用一個語言式邏輯語句再次說明三種邏輯推理之物理意
義。值得強調的是，本章的模糊邏輯推論的推導與計算將是

未來模糊控制規則庫運作的基礎或雛型。

習題

7.1. 在 GMP 中推理句之 $A = \dfrac{0.6}{x_1} + \dfrac{1}{x_2} + \dfrac{0.7}{x_3}$，

$B = \dfrac{0.9}{y_1} + \dfrac{0.5}{y_2}$，其中 $X = \{x_1, x_2, x_3\}$，$Y = \{y_1, y_2\}$。現前

提有 $A' = \dfrac{0.5}{x_1} + \dfrac{0.9}{x_2} + \dfrac{0.5}{x_3}$，請問結論 "$y$ 是 B'"，B' 之模

糊集合歸屬函數為何？其中模糊關係 $A \to B$ 請分別用以

下各法計算之：

　(a)丹尼－理查表示法：(6.6)式，

　(b)路卡表示法：(6.7)式，

　(c)札德表示法：(6.8)式，

　(d)曼達尼表示法：(6.10a)及(6.10b)式。

7.2. 請完成 7.2 節 GMP 的例子中，$A' = A^2$，及 $A' = A^c$ 之結論

各為何？

7.3. 請完成 7.2 節 GMT 的例子中，$B' = 1 - B^{1/2}$，及 $B' = 1 - B^2$ 之

結論各為何？

7.4. 在 7.2 節 GHS 的例子中，若 $B' = B^2 = $ 很 B，及 $B' = B^{1/2} = $ 稍

B，則結論 $A \to C'$ 又如何？

7.5. 在 GHS 中， $A = \dfrac{0.8}{x_1} + \dfrac{1}{x_2} + \dfrac{0.7}{x_3}$, $B = \dfrac{0.6}{y_1} + \dfrac{1}{y_2}$ 及

$B' = \dfrac{0.5}{y_1} + \dfrac{0.8}{y_2}$, $C = \dfrac{1.0}{z_1} + \dfrac{0.9}{z_2} + \dfrac{0.5}{z_3}$.

請 求 $(A \to C')(x,z) = \max\limits_{y \in Y} \{\min[(A \to B)(x,y), (B' \to C)(y,z)]\} = ?$

前式中的推理句均為曼達尼乘積表示式。

7.6. 在 GMP 中， $B(y) = \max \{\min[A'(x)y), (A \to B)(x,y)]\}$. 利用路

卡表示式 $(FP_1 \Rightarrow FP_2) \Leftrightarrow \min[1, (1 - FP_1(x)) + FP_2(y)]$。 現在

$A = \dfrac{0.8}{x_1} + \dfrac{1}{x_2} + \dfrac{0.7}{x_3}$, $B = \dfrac{0.6}{y_1} + \dfrac{1}{y_2}$, 及

$A' = \dfrac{1}{x_1} + \dfrac{0.9}{x_2} + \dfrac{0.5}{x_3}$. 請問結論 $B' = ?$

第 八 章

模 糊 推 論 工 場

8.1 簡介

　　本章的題目英文原詞是 Fuzzy Inference Engine，直翻成中文應為 "模糊推論引擎"， "引擎"？難免讓人聯想到汽車引擎，飛機引擎等硬體，其實就是推動物件的一個工具。直翻成 "引擎"，似乎在模糊邏輯裡有點不相關。而筆者用 "工場" 這個中文詞代替 "引擎" 是希望能比較軟性貼切代表其原來之含意。Fuzzy Inference Engine 就是模糊推論工場，其實更實際的說是指一個 "模糊規則庫"，此庫乃由多條推理句 (規則) "若... 則..." 所組成。若有一組 "輸入" 進入這個規則庫中，經過某些運算就可有輸出量出來。就如一個材料(輸入) "工場" 內加工，最後有成品出來(輸出)。所以翻成 "工場" (工作場地)似乎比 "引擎" 更恰當些。在本章中，此輸入為一個模糊集合。因此如何把這些推理句整合成一個 "運算系統"，如何造出 "輸出"，均是本章要探討的問題。

8.2 模糊規則庫

　　有 n 個模糊集合，宇集為卡迪興(Cartesian product)乘積 $X = X_1 \times X_2 \times \cdots \times X_n$，另有一個模糊集合，宇集合為 Y。一個模糊規則庫是由一堆(多個)模糊推理句， "若... ，則..." 組合而成。任何其中一條推理句如下：

$$R^{(\ell)}: \text{若 } x_1 \text{ 是 } A_1^\ell \text{，且 } x_2 \text{ 是 } A_2^\ell \text{，...，且 } x_n \text{ 是 } A_n^\ell \text{，則 } y \text{ 是 } B^\ell. \qquad (8.1)$$

FP1　　　　　　　　　　　　　　　FP2

其中 A_i^ℓ 及 B^ℓ 是語句變數之模糊集合，分別定義在 $x_i \in X_i$ 及 $y \in Y$。而 A_i^ℓ 及 B^ℓ 之上標 ℓ 代表第 ℓ 條規則(即 $R^{(\ell)}$)。事實上每條規則 R^ℓ 上可有不同之命題組合法，如：

若 x_1 是 A_1^ℓ，且…，且 x_m 是 A_m^ℓ，則 y 是 B^ℓ。
若 x_1 是 A_1^ℓ，或…，或 x_m 是 A_m^ℓ，則 y 是 B^ℓ。
若 x_1 是 A_1^ℓ，或…，且…，或 x_n 是 A_n^ℓ，則 y 是 B^ℓ。

以上每個規則內有多個命題，可以"且"或"或"來組合均可能。另外每條規則中命題個數不一定要 n 個，應視實際情況去安排。

我們舉個規則庫之實例於下：

例 8.1：有一個熱水器，二個輸入(當天氣溫，瓦斯大小)，一個輸出(水管出水溫度)。假設當天氣溫為 $x_1 \in X_1 = [0°C, 30°C]$，瓦斯大小為 $x_2 \in X_2 = [0, 10]$，而熱水器出水溫度為 $y \in Y = [10°C, 50°C]$。現定義兩個模糊集合，低、高，在宇集 X_1 上，兩個模糊集合，弱、強，在宇集 X_2 上。則我們可有以下之規則庫：

$R^{(1)}$：　若 x_1 是低的，且 x_2 是弱的，則 y 是涼的。

$R^{(2)}$：　若 x_1 是低的，且 x_2 是強的，則 y 是溫的。

$R^{(3)}$：　若 x_1 是高的，且 x_2 是弱的，則 y 是熱的。

$R^{(4)}$：　若 x_1 是高的，且 x_2 是強的，則 y 是燙的。

以上可見 y 有四種模糊集合,可用下圖增進了解。圖中方格內用斜線區隔,是表示每個方格內也是模糊集合,分界線是模糊的。

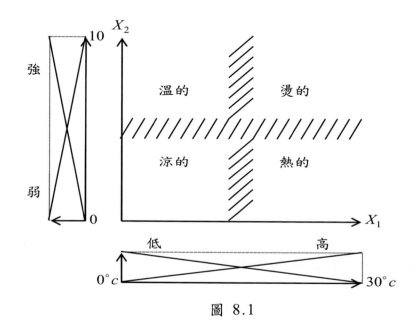

圖 8.1

以下幾個性質在模糊規則庫中需要特別注意。

(一) 一個模糊規則庫中含有多個模糊推理句。若對每個輸入 $x \in X$,都會有至少一個推理句,如 $R^{(\ell)}$,使得 $A_i^{\ell}(x_i) \neq 0$,$i \in 1, 2, \cdots, n$.(參考 (8.1) 式)則這個規則庫叫做 "完全的" (complete)。這性質告訴我們每次輸入 $x = [x_1, \cdots, x_n] \in X$ 一定至少 "觸發" (fire) 一條規則 (推理句),亦即此輸入 x 必然使至少一條推理句之前命題 FP1 之歸屬函數群不為 0。否則該輸入 x 會 "沒人處理",而成 FP1$(x)=0$,由第六章中各種推論表示法知道可能會產生不正常之模糊關係(如用(6.10a)或(6.10b)，產生 $R_{MM}(x,y)=0$ 或 $R_{MP}(x,y)=0$)。

(二) 沒有任何二個規則有相同的前命題 FP1，而有不同的後命題 FP2，這種模糊規則庫稱為 "一致的"(consistent)。這性質是理所當然，合情合理的。沒人希望定出一個相互矛盾的推理句吧！

(三) 每二條相鄰規則之後命題 FP2 之連續型模糊集合一定有重疊區域，則此規則庫稱為 "連續的"(continuous)。

這個性質將在下一章模糊控制中再提出說明。

8.3 模糊推論工場

在本節中第七章之模糊邏輯觀念將再被運用，模糊規則庫中多條規則被整合後可看成一個 "系統或工場"，此系統是如何產生的？輸入 $x \in X$ 與輸出 $y \in Y$，如何描述此系統呢？我們將在本節中一一討論。

首先介紹 "組合式推論工場"(composition based inference)。

設一個模糊規則庫由 m 個規則(推理句)組合，其中 $R^{(\ell)}$ 如下所示

$$R^{(\ell)}: \underbrace{若\ ......}_{\text{FP}1},\quad \underbrace{則\ ......}_{\text{FP}2},\quad \ell=1,\,2,\,\cdots,\,m. \qquad (8.2)$$

FP1 代表規則 $R^{(\ell)}$ 之前命題(有些書稱為前件部)，它可能是

$$\text{若} \quad x_1 \text{ 是 } A_1^\ell, \text{ 且 } x_2 \ A_2^\ell , \tag{8.3}$$

而 FP2 代表規則 $R^{(\ell)}$ 之後命題(有些書稱為後件部),它可能是

$$\text{則} \quad y \text{ 是 } B^\ell . \tag{8.4}$$

如上 $x = [x_1, x_2] \in X$, $y \in Y$, A_i^ℓ 及 B^ℓ 為語句變數之模糊集合,則由第六章可知 $R^{(\ell)}$ 可看成一個模糊關係定義在 $X \times Y$ 上。也就是說

$$R^{(\ell)} = A_1^\ell \times A_2^\ell \to B^\ell . \tag{8.5}$$

當然,(8.3),(8.4)只是一個樣本,其實 FP1 中之 x_i , A_i^ℓ 可能不只兩個,可能有 n 個,(即 $X = X_1 \times X_2 \times \cdots \times X_n$)。而 FP2 中之 y 也可以有 k 個,(即 $Y = Y_1 \times Y_2 \times \cdots \times Y_k$)。如此就得把(8.5)式改寫成

$$R^{(\ell)} = A_1^\ell \times A_2^\ell \times \cdots \times A_n^\ell \to B_1^\ell \times B_2^\ell \times \cdots \times B_k^\ell .$$

為了讓讀者更易進入狀況,以下我們均以(8.3)~(8.5)式之形式來作樣本說明。

再回頭看看(8.5)式,它是一個 $p \to q$ 之推理句,第六章中對這種單一推理句已提出了多種表示法,分別計算其代表的模糊關係。首先我們先處理 FP1,若 FP1 內部每個 A_i^ℓ 均以 "且" 來連接,可以下式代表它們的模糊關係

$$(A_1^\ell \times A_2^\ell)(x_1, x_2) = A_1^\ell(x_1) * A_2^\ell(x_2) = FP1(x)$$

在此符號 * 代表 t-範數(交集)。而 FP2 則為 FP2(y)=$B^\ell(y)$。那 $R^{(\ell)}$=(FP1→FP2) 可由第六章中(6.6)~(6.10)多種表示法來處理。因為規則庫中有多條規則(設規則數為 m),即有 m 個 $R^{(\ell)}$ 需要整合。因此我們用模糊關係 Q 代表 m 條規則 $R^{(\ell)}$ 整合後之結果如下:

$$Q = \bigcup_{\ell=1}^{m} R^{(\ell)} \overset{\Delta}{=} Q_M. \tag{8.6}$$

(8.6)式中 $\bigcup_{\ell=1}^{m}$ 代表 s-範數($R^{(1)} \bigcup R^{(2)} \bigcup \cdots \bigcup R^{(m)}$)。此種算法稱為"曼達尼整合"(Mamdani combination),是很常用的一種。也有人用 t-範數($R^{(1)} \bigcap R^{(2)} \bigcap \cdots \bigcap R^{(m)}$)來整合:

$$Q = \bigcap_{\ell=1}^{m} R^{(\ell)} \overset{\Delta}{=} Q_G. \tag{8.7}$$

(8.7)式稱為"古德整合"(Godel combination)。不管你用(8.6)式或(8.7)作整合運算,此結果 Q 即是所謂的"模糊推論工場"。假若現在有一輸入 $A'(x)$,$x=(x_1, x_2) \in X$,進入此工場 Q,利用"廣義肯定前提式"(GMP)之邏輯推理,此工場產生的輸出成品 B' 會是如何呢?可預知的是

$$B' = A' \circ Q, \quad (Q = Q_M \text{ 或 } Q_G), \tag{8.8}$$

至於這個合成運算可由(7.2)式來計算，我們稱以上的方法為"整合型推論工場(combined-rule based inference engine)"。我們再把"整合型推論工場"作個整理，以利讀者清醒模糊的大腦。

整合型推論工場建立步驟：

步驟一：列出 m 條規則建立一個模糊規則庫，每條規則形式如(8.2)式。

步驟二：列出每條規則之模糊關係如(8.5)式。

步驟三：決定工場 Q 如(8.6)式，或(8.7)式。

步驟四：輸入 A' 與輸出 B' 之關係如(8.8)式所示。

以上是"整合型推論工場"之建立步驟。讀者應可發現它是先把所有規則先"整合"成一"工場 Q"，再考慮輸入 A',而再求輸出 B'。

接下來我們要談的是，"整合型推論工場"並不是唯一的方法，也可以用"個別"規則先接受輸入 A'，而有個別輸入 B'_ℓ，再把這 m 個輸出整合，我們稱為"個別型推論工場"。我們也用條列式的步驟說明如下：

個別型推論工場建立步驟：

步驟一：列出 m 條規則建立一個模糊規則庫，每條規則如(8.2)式。

步驟二：列出每條規則之模糊關係如(8.5)式。

步驟三：輸入 $A'(x)$，$x \in X$ 進入每一條規則 $R^{(\ell)}$，即

$$B'_\ell = A' \circ R^{(\ell)}, \quad \ell = 1, \, 2, \, \cdots, \, m.$$

備註：$x \in X$ 表示 x 可能是屬於 $X = X_1 \times X_2 \times \cdots \times X_n$ 的一個向量，$A'(x)$ 表示 n 個模糊集合；又合成運算 "$\circ$"，可由(7.2)式計算。

步驟四：再把 m 個 B'_ℓ 作聯集或交集得到最後的輸出。

$$B' = \bigcup_{\ell=1}^{m} B'_\ell, \tag{8.9a}$$

或

$$B' = \bigcap_{\ell=1}^{m} B'_\ell. \tag{8.9b}$$

以上這種先個別後整合之推論工場，稱為 "個別式推論工場 (individual-rule based inference engine)"。本書以下幾章內容會採用一般模糊控制界較常用的 "個別式推論工場"。

8.4 推論工場再細分

由 8.3 節中，已介紹了 "整合型" 及 "個別型" 推論工場。讀者並可發現不管是那個推論工場，都得計算 FP1→FP2 中的 "→" 符號及 t-範數 "$\bigcap$"，s-範數 "$\bigcup$"。"→" 這個符號在第六章中有(6.6)～(6.10)多種表示法，這麼多種表示法如何選擇呢？一般而言，有三個原則須考慮。(1)直覺上的合理

性；(2)計算上之效率；(3)其他特殊性質考慮。

現在我們對照第六章之各種表示法列出幾種輸出 B' 與輸入 A' 在 GMP 中，經過模糊推論工場之相互關係。以下之模糊集合之宇集為 $x = (x_1, x_2) \in X_1 \times X_2 = X$，$y \in Y$. 為了簡化式子的複雜度，以下式子若有 $G \wedge H$ 表示 $\min(G, H)$；另外，以下各工場推導都是用個別型推論工場。

(A) 乘積推論工場(product inference engine)：

乃由 (3.21) + (6.10b) + (7.2) + (8.8)+ (8.9a) 組成

$$B'(y) = \max_{\ell=1}^{m} \; [\; \max_{x \in X} \; (\, A'(x) \cdot A_1^{\ell}(x_1) \cdot A_2^{\ell}(x_2) \cdot B^{\ell}(y)\,)\,] \qquad (8.10)$$

$$(3.21)$$
$$(6.10b)$$
$$(8.8) + (7.2)$$
$$(8.9a)$$

(B) 最小推論工場(minimum inference engine)：

乃由 (3.20) + (6.10a) + (7.2) + (8.8)+ (8.9a) 組成

$$B'(y) = \max_{\ell=1}^{m} [\; \max_{x \in X} \quad (\, A'(x) \wedge A_1^{\ell}(x_1) \wedge A_2^{\ell}(x_2) \wedge B^{\ell}(y)\,)\,] \qquad (8.11)$$

$$(3.20)$$
$$(6.10a)$$
$$(8.8) + (7.2)$$
$$(8.9a)$$

(C) 路卡推論工場(Lukasiewicz inference engine)：

乃由 (3.20) + (6.7) + (7.2) + (8.8)+ (8.9b) 組成

$$B'(y) = \min_{\ell=1}^{m} \{ \max_{x \in X} \min [A'(x), 1 - (A_1^\ell(x_1) \wedge A_2^\ell(x_2)) + B^\ell(y)]\} \quad (8.12)$$

$$\underbrace{\hspace{3cm}}_{(3.20)}$$
$$\underbrace{\hspace{4cm}}_{(6.7)}$$
$$\underbrace{\hspace{5cm}}_{(8.8) + (7.2)}$$
$$\underbrace{\hspace{6cm}}_{(8.9b)}$$

(D) 札德推論工場(Zadeh inference engine)：

乃由 (3.20) + (6.8) + (7.2) + (8.8)+ (8.9b) 組成

$$B'(y) = \min_{\ell=1}^{m} \{ \max_{x \in X} \min [A'(x), \max [\overbrace{(A_1^\ell(x_1) \wedge A_2^\ell(x_2)}^{(3.20)} \wedge B^\ell(y)),$$
$$1 - (\underbrace{A_1^\ell(x_1) \wedge A_2^\ell(x_2)}_{(3.20)})]\} \quad (8.13)$$

$$\underbrace{\hspace{3cm}}_{(6.8)}$$
$$\underbrace{\hspace{4cm}}_{(8.8) + (7.2)}$$
$$\underbrace{\hspace{5cm}}_{(8.9b)}$$

(E) 丹尼-理查推論工場(Dienes-Rescher inference engine)：

乃由 (3.20) + (6.6) + (7.2) + (8.8)+ (8.9b) 組成

$$B'(y) = \min_{\ell=1}^{m} \left\{ \max_{x \in X} \left[A'(x) \wedge \max \left[1 - (A_1^{\ell}(x_1) \wedge A_2^{\ell}(x_2)), B^{\ell}(y) \right] \right] \right\} \qquad (8.14)$$

$$\underbrace{\phantom{max[1 - (A_1^{\ell}(x_1) \wedge A_2^{\ell}(x_2)}}_{(3.20)}$$

$$(6.6)$$

$$(8.8) + (7.2)$$

$$(8.9b)$$

當然還有其他多種工場，不勝一一枚舉。乍看以上這些推論工場，煩人得很。是否能再簡化呢？好消息是，當輸入 A' 是一個模糊單值（singleton）則簡化是有可能的。什麼是模糊單值呢？第二章有定義過，請參閱圖 2.7，再複習一下，若一個模糊集合 A'，其歸屬函數滿足

$$A'(x) = \begin{cases} 1, \ \text{若} \ x = x^* \in X \\ 0, \ \text{其它} \end{cases} \qquad (8.15)$$

則此 A' 稱為模糊單值（見下圖），也就是說 A'

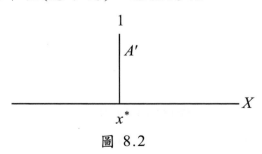

圖 8.2

是一個明確值 x^*。當 A' 是個模糊單值如 (8.15) 式時，(8.10)～(8.14) 可分別被簡化如下：

$$(8.10) \Rightarrow B'(y) = \max_{\ell=1}^{m} [A_1^{\ell}(x_1^*) \cdot A_2^{\ell}(x_2^*) \cdot B^{\ell}(y)] \qquad (8.16)$$

$$(8.11) \Rightarrow B'(y) = \max_{\ell=1}^{m} [A_1^{\ell}(x_1^*) \wedge A_2^{\ell}(x_2^*) \wedge B^{\ell}(y)] \qquad (8.17)$$

$$(8.12) \Rightarrow B'(y) = \min_{\ell=1}^{m} \{1 \wedge [1-(A_1^{\ell}(x_1^*) \wedge A_2^{\ell}(x_2^*)) + B^{l}(y)]\} \qquad (8.18)$$

$$(8.13) \Rightarrow B'(y) = \min_{\ell=1}^{m} \{\max [A_1^{\ell}(x_1^*) \wedge A_2^{\ell}(x_2^*) \wedge B^{\ell}(y)$$

$$, 1-(A_1^{\ell}(x_1^*) \wedge A_2^{\ell}(x_2^*))]\} \qquad (8.19)$$

$$(8.14) \Rightarrow B'(y) = \min_{\ell=1}^{m} \{\max [1-(A_1^{\ell}(x_1^*) \wedge A_2^{\ell}(x_2^*)), B^{\ell}(y)]\} \qquad (8.20)$$

請注意，在(8.16)~(8.20)式子中，$x^* = [x_1, x_2]^T$。幸運的是，在模糊控制之應用中，輸入 A' 往往是單值，因此(8.16)~(8.20)將比(8.10)~(8.14)更常用。以下是幾個例子：

例 8.2：假設有一條規則如下：

若 x_1 是 A_1 且 x_2 是 A_2，則 y 是 B. $\qquad (8.21)$

其中 A_1 及 A_2 之歸屬函數分別為(見圖(8.3a 及 8.3b))

$$A_1(x_1) = \begin{cases} 1-|x_1-1|, & 若 0 \leq x \leq 2, \\ 0, & 其他, \end{cases} \quad 及 \quad A_2(x_2) = \begin{cases} 1-|x_2-2|, & 若 1 \leq x \leq 3, \\ 0, & 其他, \end{cases}$$

B 之歸屬函數為 $B(y) = \begin{cases} 1-|y|, & 若 -1 \leq y \leq 1, \\ 0, & 其他, \end{cases}$ (見圖 8.3c). 現在有

一輸入 A' 是個單值，即 $A'(x^*) = \begin{cases} 1, & x^* = (x_1^*, x_2^*) = (0.5, 1.5) \\ 0, & \text{其他} \end{cases}$

問此輸入 A' 經過 (8.21) 之規則，輸出 B' 為何？

從 $(8.16) \sim (8.20)$ 各種不同之計算法，我們一一試試看。

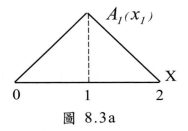

圖 8.3a

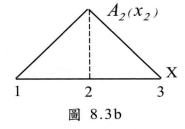

圖 8.3b

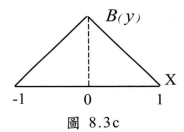

圖 8.3c

$(8.16) \Rightarrow B'(y) = 0.5 \cdot 0.5 \cdot B(y) = 0.25 \, B(y)$

$$= \begin{cases} \dfrac{1}{4}(1 - |y|), & -1 \le y \le 1 \\ 0, & \text{其他} \end{cases} \qquad \text{（見圖 8.4a）}$$

$(8.17) \Rightarrow B'(y) = 0.5 \wedge B(y),$ （見圖 8.4b）

$(8.18) \Rightarrow B'(y) = \min[1, \; 0.5 + B(y)],$ （見圖 8.4c）

$(8.19) \Rightarrow B'(y) = \max(0.5 \wedge B(y), \; 1 - 0.5) = 0.5,$ （見圖 8.4d）

$(8.20) \Rightarrow B'(y) = \max(1 - 0.5, \; B(y)) = \max(0.5, B(y)).$ （見圖 8.4e）

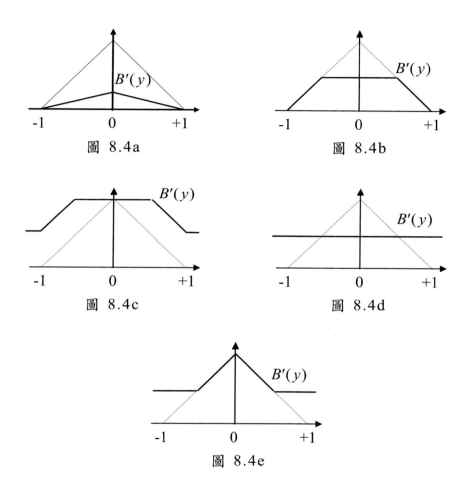

圖 8.4a

圖 8.4b

圖 8.4c

圖 8.4d

圖 8.4e

再舉一例讓讀者更清楚!

例 8.3:規則庫中有兩條規則,

$R^{(1)}$: 若 x_1 是 A_1^1 且 x_2 是 A_2^1,則 y 是 B^1

$R^{(2)}$: 若 x_1 是 A_1^2 且 x_2 是 A_2^2,則 y 是 B^2

其中第一條規則中，A_1^1 與 A_2^1 分別與例 8.2 之 A_1 及 A_2 相同，B^1 與例 8.2 之 B 相同。而 A_1^2 與 A_2^2 分別如圖 8.5a 及圖 8.5b 所示，B^2 如圖 8.5c 所示。

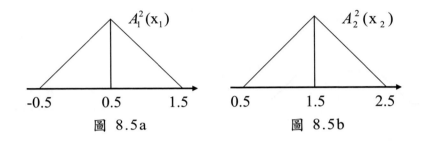

圖 8.5a   圖 8.5b

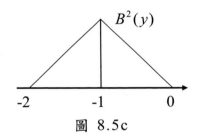

圖 8.5c

而 $R^{(2)}$ 中，$A_1^2(x_1) = \begin{cases} 1 - |x_1 - 0.5|, & \text{若} -0.5 \le x \le 1.5 \\ 0, & \text{其他} \end{cases}$

$$A_2^2(x_2) = \begin{cases} 1 - |x_2 - 1.5|, & \text{若} \, 0.5 \le x \le 2.5 \\ 0, & \text{其他} \end{cases} ;$$

$$B^2(y) = \begin{cases} 1 - |y + 1|, & \text{若} -2 \le y \le 0 \\ 0, & \text{其他} \end{cases}$$

以上三個模糊集合見圖 8.5a, b, c.

輸入 A' 為一個單值，即 $A'(x^*) = \begin{cases} 1, & x^* = (x_1^*, x_2^*) = (0.3, 1.3) \\ 0, & \text{其他} \end{cases}$.

問此輸入 A' 經過以上兩條規則組成之規則庫，輸出 B' 如何？

$(8.16) \Rightarrow B'(y) = \max\ (0.3 \cdot 0.3 \cdot B^1(y), 0.8 \cdot 0.8 \cdot B^2(y))$
$$= \max\ (0.09 B^1(y),\ 0.64 B^2(y)), \qquad \text{（見圖 8.6a）}$$

$(8.17) \Rightarrow B'(y) = \max\ (A_1^1(0.3) \wedge A_2^1(1.3) \wedge B^1(y),$
$$A_1^2(0.3) \wedge A_2^2(1.3) \wedge B^2(y)) = \max\ (0.3 \wedge B^1(y), 0.8 \wedge B^2(y)),$$
$$\text{（見圖 8.6b）}$$

$(8.18) \Rightarrow B'(y) = \min\ \{[1 \wedge 1 - (A_1^1(0.3) \wedge A_2^1(0.3)) + B^1(y)],$
$$[1 \wedge 1 - (A_1^2(0.3) \wedge A_2^2(1.3)) + B^2(y)]\}$$
$$= \min\ \{1 \wedge (0.7 + B^1(y)),\ 1 \wedge (0.2 + B^2(y))\}, \quad \text{（見圖 8.6c）}$$

$(8.19) \Rightarrow B'(y) = \min\{\ \max[A_1^1(0.3) \wedge A_2^1(1.3) \wedge B^1(y),$
$$1 - (A_1^1(0.3) \wedge A_2^1(1.3))], \max\ [A_1^2(0.3) \wedge A_2^2(1.3) \wedge B^2(y), 1 - (A_1^2(0.3) \wedge A_2^2(1.3))]\}$$
$$= \min\{\max(\ 0.3 \wedge B^1(y),\ 0.7),\ \max(\ 0.8 \wedge B^2(y),\ 0.2)\} \qquad (8.22)$$

$(8.20) \Rightarrow B'(y) = \min\{\ \max[\ 1 - (A_1^1(0.3) \wedge A_2^1(1.3)),\ B^1(y)],$
$$\max[\ 1 - (A_1^2(0.3) \wedge A_2^2(1.3)),\ B^2(y)]\}$$
$$= \min\{\ \max[\ 0.7, B^1(y)], \max[\ 0.2, B^2(y)]\} \qquad (8.23)$$

(8.22)及(8.23)之 B' 之圖形，讀者自行練習畫畫看。

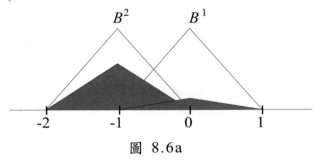

圖 8.6a

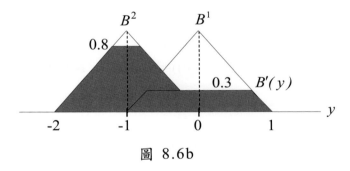

圖 8.6b

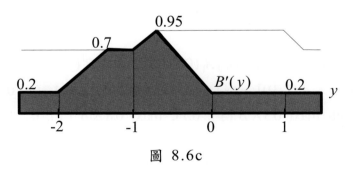

圖 8.6c

現再舉一個例子，模糊規則內是離散型模糊集合：

例 8.4：有一模糊規則如下

　　若 x_1 是 A_1 且 x_2 是 A_2，則 y 是 B

其中 $x_1, x_2 \in X = \{a, b, c\}$，$y \in Y = \{\alpha, \beta, \gamma\}$。而且

$$A_1 = {0.4}/{a} + {0.9}/{b} + {1}/{c}, \quad A_2 = {0.5}/{a} + {0.9}/{b} + {0.6}/{c}, \quad B = {0.9}/{\alpha} + {0.6}/{\beta} + {0.2}/{\gamma}$$

現在輸入為

$$A_1' = {0.6}/{a} + {0.5}/{b} + {0.3}/{c}, \quad A_2' = {0.2}/{a} + {0.4}/{b} + {0.9}/{c},$$

請用最小推論工場式(8.11)求出輸出 B' 為何？提醒一下，現在的輸入不是單值，所以必須用(8.11)來計算，而不是用(8.17)。

解：因為只有一條規則，且輸入為一個模糊集合而非模糊單值，所以我們有

$$B'(y) = \max_{x \in X} [A'(x) \wedge A_1(x_1) \wedge A_2(x_2) \wedge B(y)]$$

其中 $X = (x_1, x_2)$，而且令 $A'(x) = A_1'(x_1) \wedge A_2'(x_2)$，則

$$B'(y) = \max_{x_1} \max_{x_2} \{ \underbrace{A_1'(x_1) \wedge A_2'(x_2)}_{3 \times 3 矩陣 A'(x)} \wedge \underbrace{A_1(x_1) \wedge A_2(x_2) \wedge B(y)}_{3 \times 3 \times 3 立體矩陣 R} \} \qquad (8.24)$$

上式應是一個 $B'(y) = A_{3 \times 3}'(x) \circ R_{3 \times 3 \times 3}$ 之合成運算。但讀者應已發覺此兩矩陣之合成運算非常困難，所以可把上式稍作以下的整理，簡化計算。

$$
\begin{aligned}
B'(y) &= [\max_{x_1} (A_1'(x_1) \wedge A_1(x_1))] \wedge [\max_{x_2} (A_2'(x_2) \wedge A_2(x_2))] \wedge B(y) \\
&= [\max_{x_1} (0.4/a + 0.5/b + 0.3/c)] \wedge [\max_{x_2} (0.2/a + 0.4/b + 0.6/c)] \\
&\wedge (0.9/\alpha + 0.6/\beta + 0.2/\gamma) = 0.5 \wedge 0.6 \wedge (0.9/\alpha + 0.6/\beta + 0.2/\gamma) \\
&= 0.5/\alpha + 0.5/\beta + 0.2/\gamma \quad .
\end{aligned}
\tag{8.25}
$$

由上例可得一個結論：當輸入為一個模糊集合(非模糊單值)時，(8.24)式可利用同一宇集合集中處理法，簡化成(8.25)式。

同樣的道理可以適用於連續模糊集合的規則庫，以及多條規則(如為 m 條)的規則庫，因此輸入為 A_1' 及 A_2' 時，輸出 $B'(y)$ 將由下式求得

$$
\begin{aligned}
B'(y) = \bigcup_{\ell=1}^{m} B_\ell'(y) = \bigcup_{\ell=1}^{m} &\{[\max_{x_1} (A_1'(x_1) \wedge A_1^\ell (x_1))] \\
&\wedge [\max_{x_2}(A_2'(x_2) \wedge A_2^\ell(x_2))] \wedge B^\ell(y)\}
\end{aligned}
\tag{8.26}
$$

我們用下面一個例圖來表示(8.26)式，圖 8.7 之 A_i^j 是任意畫的例圖，與上面的例子中的 A_i^j 無關。為了比較單值輸入規則庫之結果，我們也以圖 8.8 來表示例 8.3 中圖 8.6b 之來由，則 $\overline{B}^1 \bigcup \overline{B}^2 = \max(\overline{B}^1, \overline{B}^2) =$ 圖 8.6b，其中 $\overline{B}^i$ 為 B^i 砍頭後之陰影部份，$i = 1, 2$。

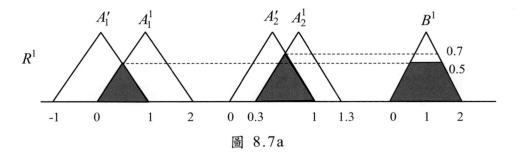

圖　8.7a

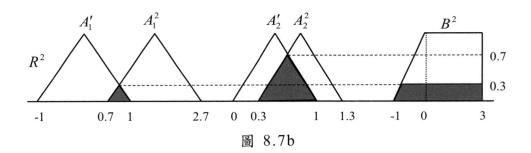

圖　8.7b

$$\overline{B^1} \bigcup \overline{B^2} = \max(\overline{B^1},\ \overline{B^2}) = B'$$

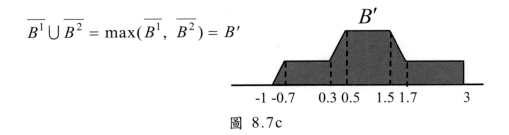

圖　8.7c

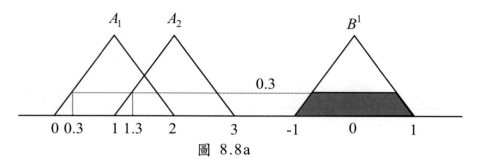

圖 8.8a

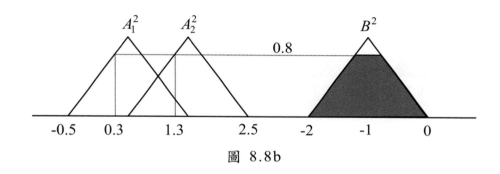

圖 8.8b

8.5 本章總結

　　本章介紹了模糊規則庫之組成分子，並說明了規則庫中每條規則應滿足的性質。對於規則庫如何整合成一個模糊關係 Q，我們也一一把各種不同的整合法介紹給讀者。經過這些整合而成的模糊關係 Q，就可被視為模糊推論工場。當有輸入 A' 進入時，經過工場內適合之運算則可算出輸出 B'。

　　在本章中,不可諱言的有不少囉哩叭唆的式子，乍看之下令人厭煩。但本來一個"工場"就不是單調簡單的，一個單調簡單的工場如何能作出複雜的成品呢?所以為了合理的把輸入經過"洗禮"，這些運算就不可避免了。本章中也舉出一些例子，讓讀者熟悉運算過程，這些都是為了下面的模糊控制那一章作準備的基本功。

習題

8.1. 在例 8.1 中，熱水器水溫的控制，當輸入
$$A'(x^*) = \begin{cases} 1, & x^* = (x_1^*, x_2^*) = (10, 7) \\ 0, & \text{其他} \end{cases}$$，則出水溫 $B'(y)$ 會如何？
請用 (8.10) 式及 (8.13) 式分別計算之。

8.2. 在例 8.2 中，若 $B(y)$ 如圖 8.3c，現在有一輸入 A' 是個單值，即 $A'(x^*) = \begin{cases} 1, & x^* = (x_1^*, x_2^*) = (1.2, 0.4) \\ 0, & \text{其他} \end{cases}$，則同樣的 $A_1(x_1)$ 及 $A_2(x_2)$，輸出 B' 會如何？請用 (8.16)～(8.20) 式分別算出 B' 並畫圖表示之。

8.3. 在例 8.3 中，請把 (8.22) 式及 (8.23) 式所算出的 $B'(y)$ 畫圖表示之。

8.4. 在例 8.3 中，若 $A'(x^*) = \begin{cases} 1, & x^* = (x_1^*, x_2^*) = (1, 2) \\ 0, & \text{其他} \end{cases}$ 則經由 (8.16)～(8.20) 式，所得之 $B'(y)$ 分別如何？請用圖示法分別畫出。

8.5. 有兩條規則如下：

$R^{(1)}$: 若 x_1 是 A_1 且 x_2 是 B_1, 則 u 是 C_1.

$R^{(2)}$: 若 x_1 是 A_2 且 x_2 是 B_2, 則 u 是 C_2.

其中模糊集合如圖 8.9 所示。現有兩個單值輸入 $x_1=1.7$ 及 $x_2=0.7$，請用最小推論工場求出輸出模糊集合 $C'=?$

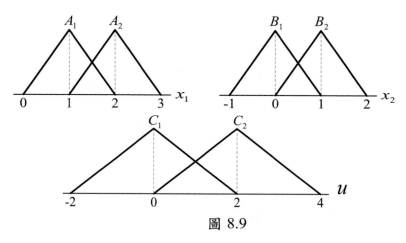

圖 8.9

8.6. 在一模糊規則庫中，每一規則之前件部有兩個模糊集合如下圖 8.10 所示之任兩個，在模糊推論工場運作下，可能會發生甚麼問題？那些模糊集合不應該在同一規則上？

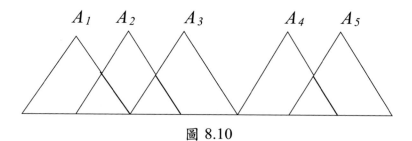

圖 8.10

第 九 章

模 糊 化 及

解 模 糊 化

9.1 動機

　　雖然我們在日常生活中常使用模糊語句，如天氣很熱，水很冷，你很高，他很胖啦！這些模糊語句均可以模糊集合來表示，把一個形容詞表示成"合理的"模糊集合，就是所謂"模糊化"的問題。可是也有需要確定數值的時候，例如輸入一個 30 伏特之電壓，讓馬達帶動 X-Y 平台移動 10 公分。這個小朋友滿 7 足歲，必須上小學了。以上輸入 30 伏特，輸出 10 公分，滿 7 足歲均為一個確定值。因此如何把一般的模糊集合轉成一個確定值，如何轉換才是"合理"的？這就是解模糊化的問題。前一章談到模糊推論工場的運算，最後的結果是模糊集合，但其實我們絕大多數時候是希望得到確定值的，而不是模糊值，因為模糊值並無法滿足我們實際的要求。例如我們可不希望輸出是讓 X-Y 平台移動"一點點"，或是"很多"吧，而應該是希望 X-Y 平台移動確定值 3 公分或是 20 公分吧。一般控制系統，輸出輸入也往往需要是一個確定值。因此如何連結模糊系統中之模糊量與實際需求的明確量之關係是本章之主要目的。

9.2 模糊化

　　有一個宇集合 X，其中一元素 $x^* \in X$，假使 x^* 經過一個程序成為一個以 X 為宇集合之模糊集合 $\tilde{x}$，這個程序就叫做"模糊化"(fuzzification)。模糊化有其準則，這些準則大概可列出於下：

(i) $\tilde{x}(x^*)$ 必須是近於 1 或等於 1 的值。

(ii) $\tilde{x}$ 形狀要簡單，儘量不增加工場之運算負荷。

基於以上兩個準則，模糊化之常用方法有下列幾種，我們用一與二維空間 X 及 $X_1 \times X_2$ 來說明：

(1) 單值形模糊化：

$$A(x) = \begin{cases} 1, \text{當 } x = x^* \\ 0, \text{其他} \end{cases}, \quad x \in X \text{ 或 } x \in X_1 \times X_2,$$

這是最簡單之模糊化動作，其實就是明確值(一維，見圖 9.1a)。

(2) 高斯形模糊化：

$$A(x) = e^{-(\frac{x - x^*}{\alpha})^2} \quad (\text{一維，見圖 9.1b})；$$

$$\text{或} \quad A(x) = e^{-(\frac{x_1 - x_1^*}{\alpha_1})^2} * e^{-(\frac{x_2 - x_2^*}{\alpha_2})^2},$$

其中 α 及 α_i, $i = 1, 2$, 是正值。

(3) 三角形模糊化：(一維見圖 9.1c)

$$A(x) = \begin{cases} (1 - \dfrac{|x - x^*|}{\beta}) \,, & \text{若 } |x - x^*| \le \beta \,; \\ 0, & \text{其他} \end{cases}$$

或 $$A(x) = \begin{cases} (1 - \dfrac{|x_1 - x_2^*|}{\beta_1}) * (1 - \dfrac{|x_2 - x_2^*|}{\beta_2}), & \text{若 } |x_i - x_i^*| \le \beta_i, \ i = 1, 2. \\ 0, & \text{其他} \end{cases}$$

其中 β 及 β_i, $i = 1, 2$, 是正值。以下三個圖各以一維之 X 而畫。

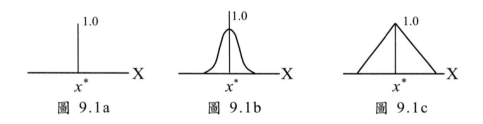

圖 9.1a 　　　　　 圖 9.1b 　　　　　 圖 9.1c

　　雖然我們列出之模糊化方法均在一維或二維空間上，事實上是可以推展至 N 維空間的，即 $X = X_1 \times X_2 \times \cdots \times X_n$. 只是 $N > 2$ 維後就不好想像了，所以才只列出一維或二維的表示式。單值形模糊化、高斯形模糊化及三角模糊化在乘積推論工場 (8.10) 及最小推論工場 (8.11) 中，均發揮了準則 (ii) 之功能，很明顯的單值形模糊化則把準則 (i) 及準則 (ii) 發揮得淋漓盡致了 [12]。

9.3 解模糊化

　　解模糊的過程剛好與模糊化相反。它是把一個模糊集合 $B(y)$，$y \in Y$，轉換至一個明確值 y^* 的動作，也就是說找一個最適合代表模糊集合 $B(y)$ 的明確點 $y^* \in Y$。至於如何才是最適合呢?大概可以下面三個準則來決定。

(i)　合理性：至少在人的直覺上，y^* 代表 $B(y)$ 是合理的，可被接受的。譬如 y^* 在 $B(y)$ 之底集中間，或 y^* 的歸屬度值較高。若是 y^* 在 $B(y)$ 之底集以外，直覺上就不合理。

(ii)　計算簡單：這是為了在模糊推論工場的運算上使用較方便。

(iii)　連續性：$B(y)$ 之形狀有稍許的變化，y^* 之位置也是稍許變化。

只要合於上面三個準則而定義的解模糊化方法均可被接受，均算是"合適的"。因為解模糊化的動作往往都是在模糊推論工場完成後的輸出 $B'(y)$ 上來作的，因此以下的解模糊化式子中出現的 $B'(y)$，都是前一章所提的模糊推論工場完成後的輸出 $B'(y)$。現有文獻上提到的解模糊化方法有許多，茲在此列出幾種較常用的：

(1)　重心解模糊化法(center of gravity defuzzification,COG)

這是最常用的，也是最合理的。可惜計算上稍費工夫。公式如下：

$$y^* = \frac{\int_Y yB'(y)dy}{\int_Y B'(y)dy},\tag{9.1}$$

(9.1)式之分母即為 $B'(y)$ 之面積，分式計算出來的值就是該面積之重心在 Y 軸上之投影位置(見圖 9.2a)。若是 $B'(y)$ 是不規則形狀,計算起來就更花時間了,這是本方法之最大缺點。當 B' 是一個離散形的模糊集合,(9.1)式就改為

$$y^* = \frac{\sum_{i=1}^{k} y_i B'(y_i)}{\sum_{i=1}^{k} B'(y_i)}. \tag{9.2}$$

(2) 面積和之中心解模糊化法(center of sum defuzzification, COS)

$$y^* = \frac{\sum_{\ell=1}^{m} \int_{Y} y B'_\ell(y) dy}{\sum_{\ell=1}^{m} \int_{Y} B'_\ell(y) dy}, \tag{9.3}$$

其中 $B'_\ell(y)$ 為 $B'(y)$ 中之第 ℓ 條規則之推論後輸出(也就是被砍頭或矮化後的 $B_\ell(y)$)。(9.3)式也算合理,但計算起來比(9.1)式簡單。

解模糊化最主要用在模糊推論工場之輸出,不管用(8.10)～(8.14)那種工場,最後都是用到(8.9a)式或(8.9b)式。在(8.9a)或(8.9b)中,多個 $B'_\ell(y)$ 交集或聯集結果將會是一個不規則形狀的 $B'(y)$。而(9.3)式之精神是在分母處先把每一個 $B'_\ell(y)$ 皆算出面積再求總和,分子也類似先針對每個 B'$_\ell$ 求積分再加起來(見圖 9.2b)。由圖 9.2a 及圖 9.2b 比較得知,(9.3)式把兩 $B'_\ell(y)$ 互相重疊部份算了兩次,而(9.1)式重疊部份不再重覆算了。

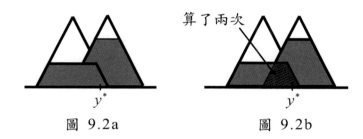

圖 9.2a   圖 9.2b

若模糊集合 B'_ℓ 為離散形的，則(9.4)式將替換(9.3)式

$$y^* = \frac{\displaystyle\sum_{\ell=1}^{m}\sum_{i=1}^{k} y_i B'_\ell(y_i)}{\displaystyle\sum_{\ell=1}^{m}\sum_{i=1}^{k} B'_\ell(y_i)} . \tag{9.4}$$

(3) 最大面積之中心解模糊化法(center of largest area defuzzification, COLA)

本法常用在經過(8.9a)式或(8.9b)式後成為一個非凸集合之 $B'(y)$ 時。我們選取一個最大面積之凸形模糊集合，然後只算此凸形模糊集合之解模糊化值，而解模糊化之方法往往是用重心法(見圖 9.3a)。

(4) 第一個最大值解模糊化法(first of maxima defuzzification, FOM)

此法作者把它叫"上山法"，因為 $B'(y)$ 往往是非規則形。我們從左邊開始沿著 $B'(y)$ 之山脊向右攀爬，當爬到第一個最高點(左右瞧瞧均不見有更高的山)時，此點在 Y 軸上之投影即為 y^*

值，(見圖 9.3b)

$$y^* = \min_{y \in Y}\Big\{y \in Y \big| B'(y) = h(B')\Big\} \underline{\underline{\Delta}}\ y_F^*, \qquad (9.5)$$

$h(B')$ 叫作模糊集合 B' 之高度(見第二章)。

(5) 最後一個最大值解模糊化法(last of maxima defuzzification, LOM)

此法作者稱為 "下山法"，同(9.5)上山法，爬到最後一個最高點，此點在 Y 軸上之投影值即是 y^*(見圖 9.3b)。

$$y^* = \max_{y \in Y}\Big\{y \in Y \big| B'(y) = h(B')\Big\} \underline{\underline{\Delta}}\ y_L^*. \qquad (9.6)$$

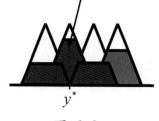

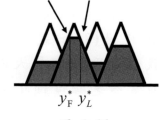

最大面積之凸模糊集　　　第一個最高點　最後一個最高點

圖 9.3a　　　　　　　圖 9.3b

(6) 最大值之平均值解模糊化法(middle of maxima defuzzification, MOM)

此法取(9.5)式及(9.6)式之平均值即可(見圖 9.4a)。

$$y^* = \frac{y_F^* + y_L^*}{2}. \tag{9.7}$$

(7) 中心平均值解模糊化法(center average defuzzification, CAD)

此法或稱為高度解模糊化法(height defuzzification, HD)，特別針對 $B_\ell'(y)$ 的形狀為正規且對稱的，是常用的解模糊化法之一。

$$y^* = \frac{\displaystyle\sum_{\ell=1}^{m} p_\ell h(B_\ell')}{\displaystyle\sum_{\ell=1}^{m} h(B_\ell')}, \tag{9.8}$$

$h(B_\ell')$ 表示每個 B_ℓ' 之高度。 p_ℓ 表示 B_ℓ' 在未經砍頭或未經矮化前之最中心點之橫軸點 y 值(見圖 9.4b)。

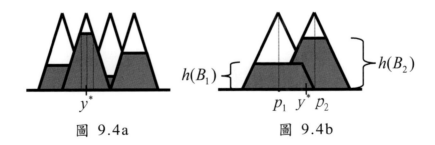

圖 9.4a　　　　　　　　圖 9.4b

舉個例子看看吧!

例 9.1：有兩個模糊規則如下:(此例主要是解模糊化的運算，所以令 $x_1, x_2,$ 及 y 均定義屬於在同一個宇集合 X 上，以簡化

示意圖 9.5)

$$R^1 : 若 \, x_1 \, 是 \, A_1, \, 且 \, x_2 \, 是 \, A_2, \, 則 \, y \, 是 \, A_1,$$
$$R^2 : 若 \, x_1 \, 是 \, A_2, \, 且 \, x_2 \, 是 \, A_1, \, 則 \, y \, 是 \, A_2.$$

A_1 及 A_2 為兩個定義在實數軸上之模糊集合(見圖 9.5),它們的歸屬函數如下所示:

$$A_1(x_1) = \begin{cases} 1 - |x_1 - 1|, \ 若 \, 0 \le x_1 \le 2 \\ 0, \ 其他 \end{cases},$$

$$A_2(x_2) = \begin{cases} 1 - |x_2|, \ 若 -1 \le x_2 \le 1 \\ 0, \ 其他 \end{cases}.$$

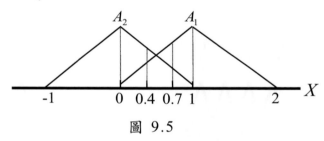

圖 9.5

當有一個輸入單值 $(x_1^*, x_2^*) = (0.4, 0.7)$ 進入模糊規則庫內,則解模糊化輸出值為何?

(a)若我們採用(8.16)式之模糊推論工場

$$B'(y) = \max \left(A_1(0.4) \times A_2(0.7) \times A_1(y), \, A_2(0.4) \times A_1(0.7) \times A_2(y) \right)$$
$$= \max \left(0.4 \times 0.3 \times A_1(y), \, 0.6 \times 0.7 \times A_2(y) \right)$$
$$= \max \left(0.12 A_1(y), \, 0.42 A_2(y) \right) = 如圖 \, 9.6 \, 灰色區域。$$

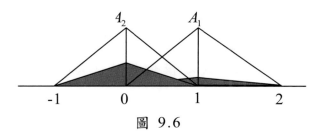

圖 9.6

先用重心法解模糊化，可得

$$y^* = \frac{\int_Y yB'(y)dy}{\int_Y B'(y)dy} = \frac{0.093}{0.494} = 0.188.$$

其中分母為

$$\int_Y B'(y)dy = 2 \times 0.42 \times \frac{1}{2} + 2 \times 0.12 \times \frac{1}{2} - 1 \times 0.093 \times \frac{1}{2} = 0.494.$$

分子則是

$$\int_Y yB'(y)dy = \int_{-1}^{0} 0.42(1+y)y\,dy + \int_{0}^{0.77} 0.42(1-y)y\,dy + \int_{0.77}^{1} (0.12y)y\,dy$$

$$+ \int_{1}^{2} 0.12(2-y)y\,dy = -0.07 + 0.061 + 0.021 + 0.08 = 0.092.$$

若用中心平均值法解模糊化，可得

$$y^* = \frac{0 \times 0.42 + 1 \times 0.12}{0.42 + 0.12} = 0.22.$$

若用上山法解模糊化，可得 $y^* = 0$。 若用下山法解模糊化，同樣可得 $y^* = 0$。

(b)若我們用(8.17)式之模糊推論工場

$$B'(y) = \max\left(A_1(0.4) \wedge A_2(0.7) \wedge A_1(y),\, A_2(0.4) \wedge A_1(0.7) \wedge A_2(y)\right)$$
$$= \max\left(0.4 \wedge 0.3 \wedge A_1(y),\, 0.6 \wedge 0.7 \wedge A_2(y)\right)$$
$$= \max\left(0.3 \wedge A_1(y),\, 0.6 \wedge A_2(y)\right) = 如圖\ 9.7\ 之灰色區域$$

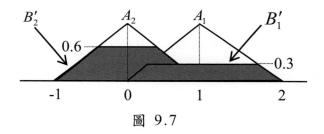

圖 9.7

若用重心法解模糊化可得

$$y^* = \frac{\int_Y B'(y)\,y\,dy}{\int_Y B'(y)\,dy} = \frac{0.404}{1.14} = 0.35.$$

其中分母為

$$\int_Y B'(y)\,dy = \frac{(2+0.8)\times 0.6}{2} + \frac{(2+1.4)\times 0.3}{2} - \frac{(1+0.4)\times 0.3}{2}$$
$$= 0.84 + 0.51 - 0.21 = 1.14.$$

而分子為

$$\int_Y yB'(y)dy = \int_{-1}^{-0.4}(1+y)ydy + \int_{-0.4}^{0.4}0.6ydy + \int_{0.4}^{0.7}(1-y)ydy + \int_{0.7}^{1.7}0.3ydy$$
$$+ \int_{1.7}^{2}(2-y)ydy = (0.06-0.17)+0+0.07+0.36+0.084 = 0.404.$$

若用面積和之中心解模糊化法可得

$$y^* = \frac{\int_Y yB_1'(y)dy + \int_Y yB_2'(y)ydy}{\int_Y B_1'(y)dy + \int_Y B_2'(y)dy},$$

其中 $B_1'(y)$ 為圖 9.7 中 $0.3 \wedge A_1$ 之灰色梯形區域，$B_2'(y)$ 為 $0.6 \wedge A_2$ 之灰色梯形區域。 因此

$$\int_Y B_1'(y)dy + \int_Y B_2'(y)dy = 0.51 + 0.84 = 1.35.$$

$$\int_Y yB_2'(y)dy + \int_Y yB_1'(y)dy = \int_{-1}^{-0.4}y(1+y)dy + \int_{-0.4}^{0.4}0.6ydy + \int_{0.4}^{1}(1-y)ydy$$
$$+ \int_0^{0.3}y^2 dy + \int_{0.3}^{1.7}0.3ydy + \int_{1.7}^{2}y(2-y)dy$$

$$= -0.107 + 0 + 0.107 + 0.009 + 0.42 + 0.084 = 0.513,$$

由上兩式可得 $y^* = \dfrac{0.513}{1.35} = 0.38$.

很明顯的，與重心法的解相近。 另外若用最大面積之中心之

解模糊化法,在圖 9.7 中可見灰色區域為凸形模糊集合,所以此法與重心法得到的結果一樣 $y^* = 0.35$。(也就是說,圖 9.7 之灰色區域不是"非凸模糊集合",最大面積之中心解模糊化其實就是重心法)。各位讀者也可用上山法、下山法試解解以上例子吧!

9.4 本章總結

　　本章介紹了多種模糊化法及解模糊化法。模糊化及解模糊化均需配合幾個準則,越配合越佳,但不配合也非完全不行。有時會為了某個準則而犧牲了別個準則。依作者之經驗,模糊化及解模糊化之方法有許多種,也不能說那一種好或不好,對或不對,端看使用者使用之要求而定。當使用者在作一個很複雜的系統控制時,也許要求計算簡單是最需要的。為了省時間,單值模糊化,及高度解模糊化均是不錯的選擇,但是難免會付出控制效果不佳的代價。但若用重心解模糊化法,控制效果會較好,但計算時間會比較多,在即時或快速控制的系統上會比較吃力。因此選擇要計算能力強又快的CPU 等控制元件是必要的。

　　各位讀者可以發現,我們從第六章開始,模糊命題、模糊推理句,到第七章模糊邏輯推理,第八章模糊推論工場,到本章解模糊化為止已經把模糊邏輯規則的輸入與輸出關係雛形建立起來了,為的就是下一章的重頭戲:模糊控制,讀者想知道的不就是如何利用模糊邏輯去控制所要控制的東西嗎?請繼續下一章的研讀囉。

習題

9.1. 本章最後一個例子中,若用(8.18)式模糊推論工場,再用最大面積中心解模糊化法及面積和之中心解模糊化法,分別得到的解為何?

9.2. 同上題,若用(8.19)式模糊推論工場,上山及下山解模糊化法又可得到何解?

9.3. 本章中所列出的所有解模糊化法,試比較它們在合理化、計算簡單、及連續性上之優劣性。

9.4. 您可以自己想出一種有別於本章所列,新的一種反模糊化法嗎?當然要儘量配合合理化、計算簡單及有連續性的兩個原則。

9.5. 請用 COS 及 COG 解模糊化法求出下圖灰色區域的模糊集合最佳明確值。

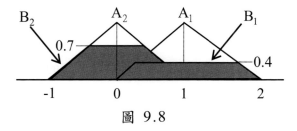

圖 9.8

第 十 章

模 糊 控 制

10.1 前言

　　有汽車駕照的讀者們請回想一下，當初為了考駕照我們都曾經到教練場學開車，學開車就是學控制一部汽車，使它能照著我們的意思：前行、倒退、轉彎或停止。教練在教學生時，絕對不會告訴學生「這部汽車是非線性系統，它的動態方程式是如何如何，所以我們要用某某控制器來控制車子，使它的響應如何如何…」。若他如此說的話，他就不會當駕駛教練，而是大學電機系教授了。再說學生也一定聽不懂他在教甚麼？

　　所以一般教練只是教學生以直覺方法來開車，譬如當車子偏向右邊時，方向盤打左邊，車子偏左邊時，方向盤打右邊，路邊停車時方向盤先打右，當車尾進入車位後則方向盤打回來等等。學生們就照著他的指示學習，自行拿捏方向盤左、右轉之程度，完成動作，這個例子就是最實際的模糊控制實例。因學生們根本就不會在乎左、右之確切角度為何，而是用左右之模糊觀念就完成控制動作，而且也不在乎汽車之數學模式方程式為何？控制器之型態如何？其實他們已是實際在用模糊控制去開車了。原來我們可以完全不懂某受控體(汽車)之模式方程式，也可以隨心所欲控制該受控體。難怪模糊控制成了眾人的最愛而且就算沒學過控制系統的人，也可以自然地進入模糊控制的領域。更令人驚嘆的是模糊控制確實在各行各業中展現出它迷人的成功控制風采，也難怪那麼多的家電及生活用品均以冠上 Fuzzy 的名字為榮，如有一型山葉機車以 Fuzzy 為名，日立冷氣、惠而浦冷氣、聲寶冷氣、國際冷氣均用 Fuzzy 控溫，東芝洗衣機、歌林洗衣機均標榜 Fuzzy 觸控等等。

　　一般的控制系統可以下面的方塊圖(圖 10.1)來說明：r 是參考輸入，u 是控制器 C 之輸出，P 是受控體 (或叫工場，plant)，y 是受控體輸出，e 是參考輸入與受控體輸出之誤差。我們的工作是設計 C，使得輸出 y 與參考輸入 r 之誤差 e，達到我們可接受的範圍。傳統上，我們必須要有 P 的明確數學模式才能設計 C，若 P 的數學模式不知道或不明確，則傳統控制免不了就須要作系統辨識(system identification)，強健控制(robust control)，或適應控制 (adaptive control) 等工作，而這往往是一椿又複雜又麻煩且效果不見得好的任務。可是若把 C 換成模糊控制器，即口語式的模糊規則庫，則以上麻煩就可省去一大半，而且控制效果也不遜於傳統控制，這真是令人振奮的事。但要如何設計模糊控制器呢？待我細說於下。

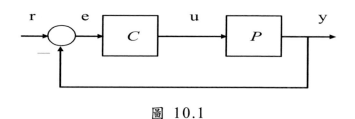

圖 10.1

10.2　模糊控制設計步驟

　　若以一連串說明來講解模糊控制設計步驟，可能會讓"讀者讀之乏味，不知所云"。還不如以一個實際控制實驗來作說明更清楚，因此以下我們將以一個倒單擺直立的控制實例，來說明模糊控制器之設計步驟，此實驗已在國內外多所大學院校成功作過。

　　倒單擺之實體圖如下圖 10.2。以直覺的思考來看此系統，一定是「當桿子 (pole) 往右倒下時，台車 (cart) 則迅速往右移動，而台車右移太多時，桿子又往左倒了，則台車要迅速往左移」。如此控制台車的之左右移動而使桿子維持直立不倒，是我們的控制目的。我們接下來就是要以模糊控制方法來實現它。

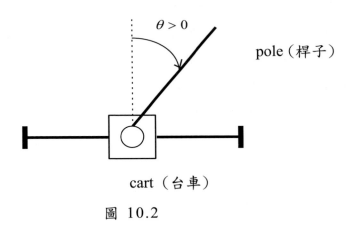

pole（桿子）

cart（台車）

圖 10.2

　　第一步：我們先決定模糊規則庫中之規則之前件部、後件部之語句變數有幾個，每個變數之模糊集合有幾個，形狀為何。如本倒單擺系統，可以設定前件部語句變數有兩個：θ 及 $\dot{\theta}$，θ 為桿子之當時角度，在垂直線 ($\theta=0$) 右方為正，左方為負，$\dot{\theta}$ 為桿子之當時角度變化，正往右方倒下中叫 $\dot{\theta} >$

0，正往左方倒下中叫 $\dot{\theta}<0$，$\dot{\theta}=\dfrac{d\theta}{dt}=\dfrac{\theta_{NOW}-\theta_{LAST}}{\Delta t}$（$d\theta$ 為現在之 θ 與前一刻之 θ 變化，Δt 為兩個時刻相差時間）。而後件部之語句變數只有一個，是對台車之施力大小 u（牛頓），向右施力叫 $u>0$，向左施力叫 $u<0$。又假設每種語句變數 $(\theta,\dot{\theta},u)$，均有七個(也可五個，九個等等)模糊集合(其實每個變數之模糊集合個數可以不同)，即 NB(負大)，NM(負中)，NS(負小)，ZO(零)，PS(正小)，PM(正中)，PB(正大)(若為五個則是 NB，NS，ZO，PS，PB 了)，假如它們的歸屬函數形狀定義如下圖 10.3，(這些模糊集合之歸屬函數之形狀不一定要三角形，也可為吊鐘型，梯形等，視設計者喜好，但三角形較易處理，圖下之 θ，$\dot{\theta}$ 及 u 之數值由設計者視受控體之限制來設定。)

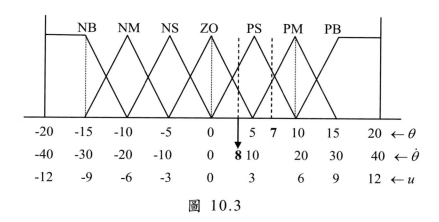

圖 10.3

　　第二步：決定模糊控制規則之形式，並且列出所有相關的規則，如本倒單擺系統

$$R^1：若 \theta 是 NB，若 \dot{\theta} 是 NB，則 u 是 NB$$
$$R^2：若 \theta 是 NB，若 \dot{\theta} 是 NM，則 u 是 NB$$
$$\vdots \qquad\qquad \vdots \qquad\qquad\qquad \vdots$$
$$R^7：若 \theta 是 NB，若 \dot{\theta} 是 PB，則 u 是 NS$$
$$\vdots \qquad\qquad \vdots \qquad\qquad\qquad \vdots$$
$$R^{49}：若 \theta 是 PB，若 \dot{\theta} 是 PB，則 u 是 PB$$

以上這些規則之訂定，完全憑我們的直覺經驗。如規則 R^1，是當桿子偏在垂直線之左邊很大（θ 是負大），而且正往左邊下快速倒下中（$\dot{\theta}$ 是負大），則理應對台車向左施大力(u 是負大，使台車迅速向左移動)；如規則 R^{49}，若桿子偏向右邊很大（θ 是正大），而且向右快速倒下中($\dot{\theta}$ 是正大)，則對台車向右施大力(u 是正大，使台車向右快速移動)，其他規則 R^j 同理可推得。以上規則因為一開始是靠直覺經驗去建立，控制效果可能不佳，在實驗操作時，要視控制情況隨時調整後件部之模糊語句變數，直到控制成功為止。我們把以上四十九條規則用下表來表示較簡單明瞭[34]，讀者知道為何是四十九條規則嗎？為何不是五十條或二十五條呢？這是因為第一步驟中我們在 θ 及 $\dot{\theta}$ 兩變數各取了七個模糊集合 7×7=49 的結果。

表 10.1　模糊控制規則表

θ \ $\dot{\theta}$	NB	NM	NS	ZO	PS	PM	PB
NB	NB	NB	NB	NB	NM	NM	NS
NM	NB	NB	NM	NM	NS	ZO	ZO
NS	NB	NM	NS	NS	ZO	PS	PM
ZO	NB	NM	NS	ZO	PS	PM	PB
PS	NM	NS	ZO	PS	PS	PM	PB
PM	ZO	ZO	PS	PM	PM	PB	PB
PB	PS	PM	PM	PB	PB	PB	PB

　　第三步：決定用何種模糊推論工場？假設我們在本系統實驗中，可以量到每一時刻的 θ 值及 $\dot{\theta}$ 值（亦即輸入 θ 及 $\dot{\theta}$ 是測量到的 "單值輸入"（ singleton ）），則以本系統而言，我們選取最常用的 (8.17) 式來當作我們模糊推論工場的方法，然後寫出一個運作此模糊推論工場之程序。譬如有一組輸入值 $(\theta, \dot{\theta}) = (7, 8)$ ，此模糊推論工場之運作如下：由圖 10.3 知道此輸入 (7, 8) 觸發了四條規則（即表 10.1 圓圈處），再由 (8.17) 式模糊推論工場，可得如圖 10.4 之被砍頭之模糊集合（灰色區域）。以上之 ω_i 稱為第 i 條規則之適合度。再把四條被砍頭模糊集合聯集起來可得以下之模糊集合。

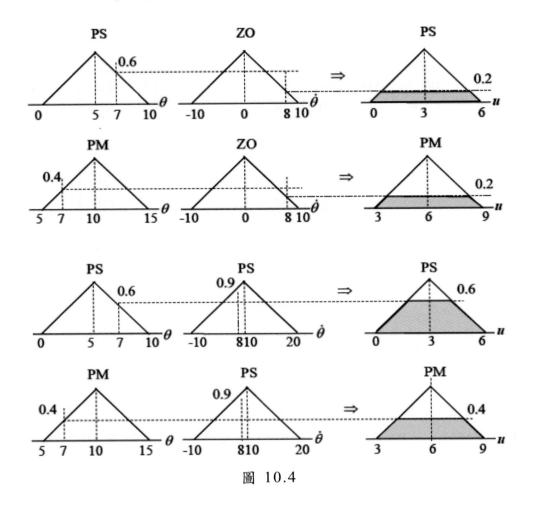

圖 10.4

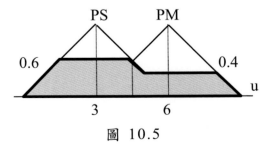

圖 10.5

　　第四步：把第三步的結果模糊集合作解模糊化，選取一種解模糊化方法，如重心法 (9.1)，圖 10.5 可得

$$u^* = \frac{\int uB'(u)du}{\int B'(u)du} = 4.3 \quad \text{nt（牛頓）}$$

　　由以上四個步驟，我們就可把每一刻量到之輸入單值 $(\theta, \dot{\theta})$ 進入模糊規則庫後，得到的輸出力(即推動台車之力 u^*)求出。物理意義就如下解釋之：當量到 $(\theta, \dot{\theta})$=(7, 8) 時，即桿子右偏中線 $7°$，且仍在向右倒下中，倒下速度為 $8\big/\text{sec}$，則台車應被 4.3nt 之力推向右邊，以挽回桿子而不再繼續向右倒。

　　我們把以上四個步驟加以連貫，並以電腦程式來實現，就是一個模糊控制器。當然以上只是一個舉例來說明模糊控制器之設計及運作過程。　若在實體的控制上仍有許多細節需要交代清楚，我們以下的補充將對讀者有幫助。

10.3　補充事項

　　補充 1：讀者應已注意到以上倒單擺之系統控制例子中，我們從頭到尾皆未提到此系統之數學模式。雖不知此系統之數學模式，但我們卻有經驗知道要使桿子直立必須使台車如何移動。只要操作者有直覺經驗會操作該系統則可憑其經驗寫出模糊規則庫，這就是模糊控制之迷人處。

　　補充 2：在圖 10.3 中，讀者可看到每一個模糊集合，左右兩邊皆有重疊區域，這是為什麼呢？若是定出前件部之模

糊集合沒有重疊區如圖 10.6 所示。則以下的情況可能發生：
即輸入值落在相鄰兩個模糊集合之交界處，那時
$A_1^\ell(\theta_1) = A_2^\ell(\dot{\theta}_1) = 0$ （見圖 10.6)，則將未能觸發任何規則。要
不然如 $A_1^\ell(\theta_2) = a_1, A_2^\ell(\dot{\theta}_2) = a_2$ ，只觸發二條規則，控制效果將
大打折扣。

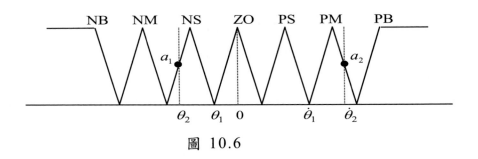

圖 10.6

　　一般而言，為了求控制效果之提高，我們會讓前件部之
語句變數之模糊集合如圖 10.3 中所示，亦即每一輸入值 θ （或
$\dot{\theta}$)會觸發二個模糊集合，這就是第九章所謂的"完全的"規則
庫。(除非該輸入值正好落在 $A_1(\theta) = 1$(或 $A_2(\dot{\theta}) = 1$) 之處，這種
輸入太"準確"了，即使只觸發二條規則，亦能代表該二條規則
的份量足夠了。)

　　補充 3：前後件部之語句變數之模糊集合的形狀不一定非
三角形或梯形不可，高斯函數型、單值型皆可。就算是三角
形也不一定要對稱的等腰三角形或正三角形。有時不對稱的
三角控制效果會更好，或是隨時可調整形狀的三角形也可增
加控制效果，所以才有文獻[47]及[48]把神經網路 (neural net)

或遺傳基因法則 (genetic algorithm) 等等理論加入模糊控制
設計之過程中，以調整最佳的模糊集合形狀。不管如何，讀
者設計模糊控制時應先以簡單實用的為優先考慮採用。例如
倒單擺系統是須要有快速的反應速度，不然怎能來得及扶正
正在傾倒中之桿子呢？所以等腰三角形的模糊集合簡單計算
應先採用，作者的學生就是用三角形的模糊集合已作實驗成
功了[13]、[14]。若是控制效果不佳，則再考慮加上神經網路
等自我學習調整形狀，以改善控制效果。不過坦白說，在實
作控制上，很少有人會去作歸屬函數形狀的調整，反而著力
在規則數的增減、後件部的修正，可能更有效些。

　　補充 4：事實上，並不是每個模糊控制器設計均得把所有
語句變數全包含到控制規則上(如倒單擺的例子，並非 $7 \times 7 = 49$
規則全部需要)，有些規則其實是根本用不到的，那用不到的
就可以刪去以簡化規則，在實驗過程中，我們發現表 10.1 中
左下角及右上角的規則是永遠用不到的，在真正實驗時，發
現量測的輸入值$(\theta, \dot{\theta})$為 $\theta > 10$ 且 $\dot{\theta} < -20$，或 $\theta < -10$ 且 $\dot{\theta} > 20$，
是不可能發生的，亦即不可能發生桿子已在右邊傾斜很大，
可是卻正快速向左擺回中；或已在左邊傾斜很大了，可是卻
正快速向右擺回中，(亦即傾斜很大，一定已向傾斜方向倒下
去了，我們根本不會讓此現象發生)，即以下兩條規則，

　　　　若 θ 是 PB，且 $\dot{\theta}$ 是 NB，則 u 是 PS,
　　　　若 θ 是 NB，且 $\dot{\theta}$ 是 PB，則 u 是 NS.

永不會用到，因此四十九條規則可刪去兩條，變成四十七條。讀者在真正實驗時會發現，其實尚有許多條規則也不會用到，也可刪去。

補充 5：在圖 10.4 中每一條規則砍頭的高度 ω_i，稱之為適合度 (true value)。

補充 6：如在圖 10.3 中，同樣形狀的三角形，可用在不同的輸入變數 θ 及 $\dot\theta$ 上。事實上 θ 及 $\dot\theta$ 並非在相同範圍內，所以必需在的橫軸尺規上加上比例因子(scaling factor)，如圖三中 $-20 \le \theta \le 20$，$-40 \le \dot\theta \le 40$，及 $-12 \le u \le 12$。如此設計者就不用畫出三組不同尺規的模糊集合了，可以簡化設計過程。

補充 7：其實現在 Matlab 軟體中，已有 Fuzzy tool，建議讀者練習使用，可以加快模糊控制的設計與修改。

補充 8：以這個倒單擺的控制例子，我們的模糊規則庫中每條規則之前件部是 θ 及 $\dot\theta$，後件部是 u，可以看成輸出入之間有如此的關係 $u = J_o\theta + J_1\dot\theta$，其中 J_o 及 J_1 是某個常數，其實也就是傳統的 PD 控制器。如此的控制器較為猛烈，直接給予台車該有的力道。有時候我們也可以選擇後件部為 Δu，如此的設計，每次控制器輸出為 Δu，表示控制器的作用較為保守，即對於台車的控制力道"加一些"，或"減一些"。 因此輸出入之間有如此的關係 $\Delta u = J_o\theta + J_1\dot\theta$，兩邊同時積分即可得 $u = J_o\int\theta dt + J_1\theta$，也就是 PI 控制器，其中 $\Delta u = u_{Now} - u_{Last}$，

$(u_{Now}=u_{Last}+\Delta u)$ 表示我們的控制訊號是累加的或累減的，($\Delta u>0$ 或 $\Delta u<0$ 均可能)，而不是如 PD 控制器中輸出值即是控制訊號值。一般而言，PD 控制器較占記憶體，控制效果較快，但不夠平滑，易有過頭反應 (overshoot)。PI 控制器控制效果較慢，但較柔性，過頭反應較小，也較不占記憶體，(因 Δu 之 NB～PB 之範圍必然比 u 之 NB～PB 之範圍小)。PI 模糊控制器之設計實例可參考[15]之第六章。

　　綜合以上步驟及補充說明，我們可用以下之方塊圖(圖 10.7)來表示整個系統之控制流程。其中，K_1, K_2 及 K_3 為比例因子，A/D 與 D/A 分別為類比/數位與類比/數位轉換器。r 為參考輸入，在本圖中 $r=0$(希望桿子是直立的)，而模糊控制規則庫中包括了所有模糊規則，及模糊推論工場以及解模糊化過程。

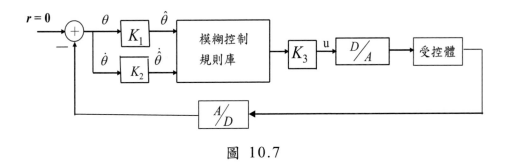

圖 10.7

10.4 本章總結

　　本章以一個倒單擺控制的實例來作模糊控制之設計步驟說明。從模糊控制的觀念，每個步驟之設計細節，到相關補充說明均一一詳述在本章中。讀者應也感覺到模糊控制之設計蠻依賴設計者之經驗、直覺及技術，而受控體之數學模式反而不那麼重要了，這也就是為什麼模糊控制會如此快速發展而且如此受歡迎的原因了。事實上倒單擺控制已有許多學者用模糊控制完成控制，而且規則數目也很少，照樣成功，如在參考文獻[16]中，Yamakawa 只用了七條模糊規則就成功了。另外表 10.1 只是舉例說明，並不保證表即可讓倒單擺直立起來，詳細的倒單擺直立定位控制可參考作者指導的碩士論文[13]、[14] 及 [34]。

習題

10.1. 請用課本所述方法設計模糊控制器，列出控制規則庫來控制熱水器的水溫。

10.2. 請用 Matlab fuzzy tool 設計加油及剎車模糊控制器，使行駛在高速公路的汽車，能與前車保持固定距離。

10.3. 你認為模糊控制器可能會有什麼缺點？以倒單擺實驗為例，我們可能會遭遇什麼困難？應如何化解？

第 十 一 章

線 性 系 統 之 模 糊 控 制 器 設 計

11.1 簡 介

　　系 統 的 穩 定 是 一 個 控 制 系 統 設 計 的 最 基 本 要 求，也 是 設 計 控 制 器 最 先 應 考 慮 的 效 果，一 個 不 穩 定 的 系 統 是 無 法 使 用 且 危 險 的。若 一 個 系 統 的 數 學 模 式 確 實 知 道，那 設 計 一 個 傳 統 控 制 器，並 分 析 其 穩 定 性，有 其 嚴 謹 的 控 制 系 統 理 論 可 以 依 循。若 對 一 個 系 統 的 數 學 模 式 不 清 楚，則 依 靠 設 計 者 的 經 驗 與 技 術，可 以 設 計 適 當 的 模 糊 控 制 器，這 在 第 十 章 中 已 提 過。但 模 糊 控 制 因 對 應 於 非 正 確 或 不 確 定 的 受 控 系 統 的 數 學 模 式，往 往 無 法 以 嚴 謹 的 控 制 數 學 理 論 去 分 析 其 控 制 效 果 或 控 制 性 能（control performance，如 穩 定、追 蹤 等），因 此 為 了 要 分 析 其 穩 定 性 或 甚 至 其 他 控 制 要 求，吾 人 必 須 假 設 受 控 系 統 之 數 學 模 式 已 知 了。本 章 即 是 探 討 一 個 已 知 線 性 受 控 工 場，它 的 控 制 器 為 模 糊 控 制 器，那 整 個 閉 迴 路 的 模 糊 控 制 系 統 的 穩 定 條 件 如 何。

11.2 模 糊 控 制 系 統 之 穩 定 設 計

　　考 慮 一 個 單 輸 入、單 輸 出，非 時 變 (single input-single output, time invariant) 的 線 性 系 統 如 下

$$\dot{x}(t) = Ax(t) + Bu(t)$$
$$y(t) = Cx(t)$$

(11.1)

其中 $u \in R$ 是控制訊號， $y \in R$ 是輸出， $x \in R^n$ 是狀態，吾人的目的是設計一個輸出回授模糊控制器 $u(t)$ 如下：

$$u = -f(y(t)) \tag{11.2}$$

使得（11.1）加（11.2）之閉迴路系統是穩定的。在設計開始之前，先介紹一個重要定理，這個定理對設計工作很有幫助。

定理 11.1(p.223 of[18])： 一個閉迴路系統如圖 11.1，由 (11.1) 及 (11.2) 所組成，若以下三條件同時滿足，則閉迴路之平衡點 $x=0$ 是全面性漸近穩定的 (globally asymptotically stable)（參考定理 11.2(d) 項）。

(a) (11.1) 式之矩陣 A 之特徵值 (eigenvalues) 在複數平面之左半面，

(b) (11.1) 式是可控 (controllable) 且可觀 (observable)[7] 的，

(c) (11.1) 式的轉移函數是嚴格正實的 (strictly positive real)。

另外 (11.2) 式中的非線性函數 f 滿足 $f(0)=0$ ，且

$$yf(y) \geq 0 \ , \ \forall y \in R \tag{11.3}$$

$\square$

定義 11.1[18]：一個轉移函數 $T(s)=C(sI-A)^{-1}B$ 稱為嚴格正實 (strictly positive real)，乃因滿足

$$\inf_{\omega \in R} \text{Re}(T(j\omega)) > 0.$$

值得注意的是在定理 11.1 中的假設(a),(b)及(c)均是針對受控體(11.1)式，並非針對模糊控制器。若我們設計的模糊控制器 (11.2)式能滿足(11.3)式及 $f(0)=0$，則此模糊控制器就達成任務了。此閉迴路系統(11.1)結合(11.2)可見於圖 11.1.

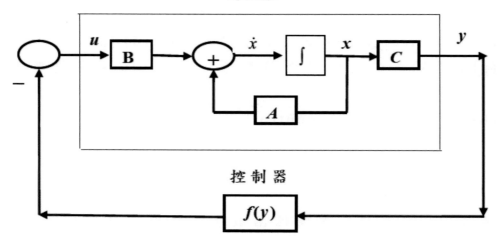

圖 11.1 閉迴路系統

以下是模糊控制器的設計步驟以滿足定理 11.1。

已知：(11.1)式受控體之輸出範圍 $y(t) \in Y = [\alpha, \beta] \subset R$。

目的：設計一個模糊控制器滿足(11.3)式，使整個閉迴路系統穩定。

第一步：定義 $2N+1$ 個模糊集合 A_j, $j=1, 2, \ldots, 2N+1$，依序排列於 Y 中，每個 A_j 為同型的(也許為三角形，也許為梯形等等)，它們是正規，一致且完全的，而且適當的分布在 $[\alpha_i, \beta_i]$ 區間中。其中 A_{N+1} 對稱於 0 點，也就是 $A_{N+1}(0)=1$，且 $A_{N+1}(y_1)=A_{N+1}(-y_1)$，其中 $y_1 \in {}^{0^+} A_{N+1}$（見圖 11.2），及 $A_N(0)=A_{N+2}(0)=0$.

第二步：第 ℓ 條規則如下法建立之

$$\text{若} \quad y \text{ 是 } A_\ell，\text{則} \quad u \text{ 是 } B_\ell \qquad (11.4)$$

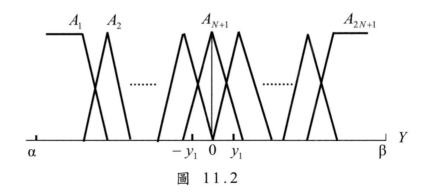

圖 11.2

其中 $\ell=1, 2, \ldots, 2N+1$, 若 $[\alpha, \beta]$ 橫跨正負 y，假設 $A_1, A_2, \ldots, A_N$ 之底集在左半邊，$A_{N+2}, A_{N+3}, \ldots, A_{2N+1}$ 之底集在右半邊如圖 11.2。B_ℓ 之編排也是如此，即

$$\bar{y}_\ell \begin{cases} \leq 0 & , \quad \ell = 1,\ 2,\cdots, N \\ = 0 & , \quad \ell = N+1 \\ \geq 0 & , \quad \ell = N+2,\cdots,\ 2N+1 \end{cases} , \qquad (11.5)$$

其中 $\bar{y}_\ell$ 是 B_ℓ 之核（即中心點）。

第三步：當輸入為某一值 y^* 時，用 (9.8) 中心值解模糊化法，可得

$$u = -f(y^*) = -\frac{\displaystyle\sum_{k=1}^{2N+1} \bar{y}_k A_k(y^*)}{\displaystyle\sum_{k=1}^{2N+1} A_k(y^*)} \qquad (11.6)$$

備註 1：用上面設計步驟所得到的 $u = -f(y^*)$ 滿足定理 11.1，因此可使閉迴路的平衡點 $x=0$ 全面性漸進穩定。這個証明很容易，(11.3) 告訴我們，要穩定必須 $f(y)$ 與 y 同號，讀者可從 (11.5) 式很明顯看出， y^* 確實與 $f(y^*)$ 同號就可明瞭！

備註 2：也許讀者會問既然受控體 (11.1) 式已是穩定了，為何還要再加控制器呢？我想這樣回答吧！(11.1) 式是一個開迴路系統，無法忍受干擾或調整輸出追蹤目標信號，回饋在控制系統上往往是必需的，但又不能加上回饋把原來的穩定性破壞了，所以本章才會告訴讀者設計模糊回饋控制器時要注意是否滿

足定理 11.1。

備註 3：關於多輸入多輸出線性系統之模糊控制器設計，因頗複雜，所以本書省略，有興趣的讀者可參考 [12]。

在圖 11.1 中，我們看到並無外界輸入的信號，若現在有外界輸入信號(如所定的目標信號)，那我們要如何設計一個模糊控制器來保持閉迴路穩定呢？因有外界輸入信號的情況，吾人必須探討另一個穩定性稱為 "輸入－輸出穩定(input-output stability)"。我們先定義一下何謂 "輸入－輸出穩定"。

定義 11.2： $u(t) = [u_1,...,u_m] \in R^m$ 是一個系統之輸入，$y(t) \in R^n$ 是輸出，若 $u(t) \in L_p^m$，保證 $y(t) \in L_p^n$，則此系統被稱為 "L_p－穩定(或稱為輸入－輸出穩定)"，其中 $u(t) \in L_p^m$ 表示 $\left(\sum_{i=1}^{m} \|u_i(t)\|_p^2 \right)^{\frac{1}{2}} < \infty$，且 $\|u_i(t)\|_p = \left(\int_0^\infty |u_i(t)|^p dt \right)^{1/p}$.

備註 4：一般而言 $p = 1, 2, \infty$，是較常用的，而 $\|u_i\|_\infty = \sup_{t \geq 0} |u_i(t)|$。

備註 5：其實輸入－輸出穩定可看成：若輸入 u 是有限的，則輸出也是有限的，尤其當 $p = \infty$ 時，$u(t) \in L_\infty^m$，保

證 $y(t) \in L_\infty^n$ ，又稱為 " 有限輸入-有限輸出 (bounded -input bounded-output)" 。

考慮一個多輸入、多輸出、非時變 (multi-input multi-output, time invariant) 的線性系統如下

$$\dot{x}(t) = Ax(t) + Bu(t)$$
$$u(t) = v(t) - f(y) \qquad\qquad (11.7)$$
$$y(t) = Cx(t)$$

其中 $u(t) \in R^p$ 是控制訊號， $y(t) \in R^m$ 是輸出， $x(t) \in R^n$ 是狀態，吾人的目的是設計一個輸出回授模糊控制器 $u(t)$ ，使得系統達到閉迴路穩定，或是輸入-輸出穩定。以下圖 11.3 表示 (11.7)，與圖 11.1 不同處為下圖有外界輸入 $v(t)$ ，而圖 11.1 則無。

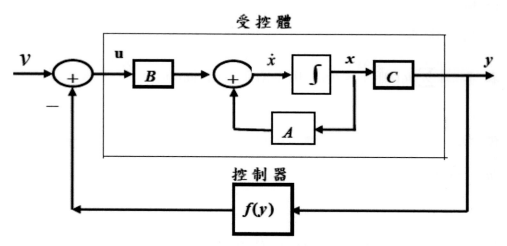

圖 11.3 有輸入信號之閉迴路系統

定理 11.2(p.290 of [18])：考慮圖 11.3 之系統，外界輸入信號為 $v(t)$，若是非線性控制器 $f(y)$ 滿足全區性利普次 (globally Lipschitz continuous) 條件

$$\|f(y_1) - f(y_2)\| \leq \gamma \|y_1 - y_2\|, \ \forall \ y_1, y_2 \in R \qquad (11.8)$$

其中 γ 是某個正實數，而且 A 是穩定矩陣，則圖 11.3 之閉迴路系統是輸入－輸出穩定 (L_p － 穩定)。 □

因此只要吾人設計的模糊控制器滿足 (11.8) 式即可穩定該閉迴路系統。很幸運的由我們根據定理 11.1 的以上步驟設計的模糊控制器均滿足利普次條件，因此不但此模糊控制器可使無輸入時之閉迴路系統之平衡點漸近穩定，且保證有輸入時的輸入－輸出穩定 [12]。

11.3 模糊規則調整 PID 控制器

在工業界有一種很常用的控制器叫做 PID 控制器 (proportional integral derivative controller)，P 就是倍數、I 就是積分、D 就是微分的意思，此種控制器已在工業界使用 60 多年，它的結構若以頻率域 (s-domain) 表示，就如下式

$$G(s) = K_p + \frac{K_i}{s} + K_d s \qquad (11.9)$$

其中 K_p, K_i 及 K_d 分別為比例，積分及微分之增益，或是以時間域(time domain)來表示如下

$$u(t) = K_p \left[e(t) + \frac{1}{T_i} \int_0^t e(\tau)d\tau + T_d \dot{e}(t) \right] \qquad (11.10)$$

其中 $T_i = {K_p}/{K_i}$ 及 $T_d = {K_d}/{K_p}$ 分別為積分及微分時間常數，這個 PID 控制器一般與受控體之連接如圖 11.4 所示

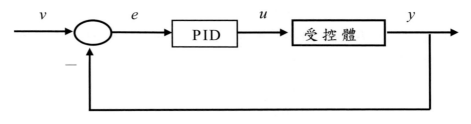

圖 11.4

圖中 $e = v - y$ 是設定點 v 與輸出之差距、u 是 PID 之輸出、y 則是整個系統輸出。一般人都知道，PID 控制器是否稱職？端靠適合之增益值 K_p, K_i 及 K_d。PID 控制器有以下四種優點:架構簡單、穩定性好、可靠度高、以及易調整。假設受控體的數學模式不是完全清楚，在實際工業應用上，控制器的增益參數可以依靠操作員的經驗來調整。因此 PID 控制器在工業界廣泛被使用。

　　首先介紹PID控制器各個的功能，及其扮演的角色。比例控制(P)是一種最簡單的控制方式，其控制器的輸出與輸入誤差訊號成比例關係，也就是輸出誤差愈大，我們就應該加大此控制器的增益值，以快速減少輸出誤差，但當僅有比例控制時系統輸出最後會存在穩態誤差（Steady-state error）。在積分控制(I)中，控制器的輸出與輸入誤差訊號的積分成正比關係，積分項對誤差取其時間的積分，隨著時間的增加，積分項會增大。這樣，即便誤差很小，積分項也會隨著時間的增加而加大，因此它的增益大一些，就可推動控制器的輸出增大使穩態誤差進一步減小，直到等於零。在控制器中必須引入"積分項"係為了消除穩態誤差。在微分控制中，控制器的輸出與輸入誤差訊號的微分（即誤差的變化率）成正比關係。自動控制系統在克服誤差的調節過程中可能會出現振盪甚至不穩定。其原因是由於存在有較大慣性的元件或有遲滯的元件，使得欲克服誤差的作用，其變化總是落後於誤差的變化。解決的辦法是使克服誤差的作用的變化要有些"超前"，這就是說，在控制器中需要增加的是"微分項"，它能預測誤差變化的趨勢，這樣，具有比例＋微分的控制器，就能夠提前使克服誤差的控制作用等於零，甚至為負值，從而避免了被控制量超越量過多[54]。

　　如何利用模糊規則代替人為調整找出最適合的增益參數值。以下五個重點有助於PID控制器的增益

參數調整 [53]。

(I)　檢視開迴路輸出響應，判斷輸出響應應該作何改進？

(II)　倍數 (P) 控制器的輸出與誤差成正比，主要功用是增快輸出響應，也就是減少上升時間 (rise time)。

(III)　積分控制器 (I) 也會加速系統趨近設定值的過程，並且消除純比例控制器會出現的穩態誤差 (steady-state error)。

(IV)　微分控制器 (D) 是考慮誤差變化量，以誤差變化趨勢調整此控器器大小，主要功用是減少輸出響應的超越量 (overshoot)。

(V)　調整 K_p, K_i, 及 K_d 直到期望的輸出響應產生。

　　然而請記得，不一定要把 PID 三種控制器都要全部出現在單一系統內。譬如 PI 控制器所得到的閉迴路輸出響應已經夠滿意了，則 D 控制器可以省了，尤其在輸出響應不要求快的系統，D 控制器往往可以省略。以工業界的立場，讓控制器愈簡單愈好，或者是說愈簡單愈省成本且愈不易出錯。以下是 PID 控制器的設計方法。

　　首先假設 K_p 及 K_d 的範圍已知，即 $K_p \in [\underline{K}_p, \overline{K}_p] \subset R$，$K_d \in [\underline{K}_d, \overline{K}_d] \subset R$，在工業界，為了方便，我們習慣先作

一個正規化的動作

$$K'_p = \frac{K_p - \underline{K}_p}{\overline{K}_p - \underline{K}_p} \qquad (11.11\text{a})$$

$$K'_d = \frac{K_d - \underline{K}_d}{\overline{K}_d - \underline{K}_d} \qquad (11.11\text{b})$$

所謂正規化就是讓 (11.11a) 及 (1111b) 的值落在 0 與 1 之間，當 K'_p 及 K'_d 求得後，再由 (11.11a) 及 (11.11b) 可得到 K_p 及 K_d。又令 $T_d = \dfrac{K_d}{K_p}$，所以由 K_p 及 K_d 之值可得 T_d，因為

$$T_i = \alpha T_d \qquad (11.11\text{c})$$

若 α 知道，T_i 可得，再來因為 $K_i = \dfrac{K_p}{T_i}$，所以 K_i 可得。綜合以上分析，吾人調整的為 K'_d, K'_p 及 α，又從 (11.10) 式已知 e 及 $\dot{e}$ 是量到的輸入（對 u 而言），所以我們的模糊規則為兩輸入 $(e, \dot{e})$，三輸出 (K'_d, K'_p, α) 之形式，也就是

　　若 e 是 A_ℓ 且 $\dot{e}$ 是 B_ℓ，則 K'_p 是 C_ℓ，且 K'_d 是 D_ℓ，且 α 是 E_ℓ，

其中 $A_\ell, B_\ell, C_\ell, D_\ell$ 及 E_ℓ 均為模糊集合，$\ell = 1, 2, \ldots, m$，

為規則序號。若已知 e 及 $\dot{e}$ 之操作範圍，吾人即可由第十章中定出宇集合之範圍及 A_ℓ, B_ℓ 之分配。現假設 $e \in [e_L, e_R]$，$\dot{e} \in [\dot{e}_L, \dot{e}_R]$ 且分配 7 個模糊集合如下，其中 NB:負大、NM:負中、NS:負小。ZO:零、PS:正小、PM:正中、PB:正大。因此所有規則數為 $7 \times 7 = 49$ 條（即 m=49）。

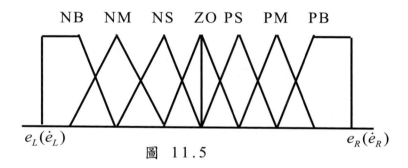

圖 11.5

為了簡化設計，吾人假設 C_ℓ, D_ℓ, 及 E_ℓ 分別如下，即增益參數 K'_p(或K'_d) 如圖 11.6 所示，α 如圖 11.7 所示，其中 S:小、H:稍小、M:中大、B:大。

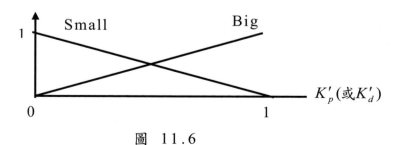

圖 11.6

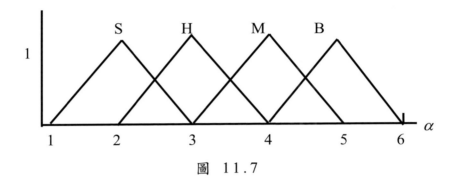

圖 11.7

假設吾人要控制的系統，是希望它的系統輸出為典型的步階響應如圖 11.8。我們可看出，在 a_1 點時，離設定點很遠 (即 $e>>0$)，這時我們要讓 u 有很大的 K'_p，及很大的 K'_i，讓輸出響應快點上升。但因為 $\dot{e}=0$，所以 K'_d 小一些，則 T_d 小了，為了使 K'_i 大，Ti 必須小，所以 α 必須很小 (因為 $T_i = \alpha T_d = \alpha \dfrac{K_d}{K_p} = \dfrac{K_p}{K_i}$)，所以規則可寫出，

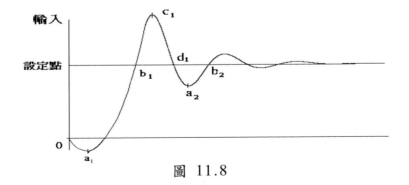

圖 11.8

(在 a_1 時)： 若 e 是 **PB** 且 $\dot{e}$ 是 **ZO**，則 K'_p 是 **B**,且 K'_d 是 **S**，且 α 是 **S**。

若在 b_1 點時，響應已抵達期望點，因此控制信號不可太大，因此 $e=0$，K'_p 要小；$\dot{e}<0$（$\dot{e}=\dot{v}-\dot{y}=-\dot{y}<0$），$K'_d$ 要大阻止響應往上衝，且 K'_i 也要小（即 α 要大）。如此 u 才不會太大而衝過頭，所以

(在 b_1 時)： 若 e 是 **ZO** 且 $\dot{e}$ 是 **NB**，則 K'_p 是 **S**，K'_d 是 **B**，且 α 是 **B**。

其他規則照五個重點 (I)~(IV) 類推可得。所有的規則如表 11.1~11.3 所示 [12]。然後根據一些推論工場，及解模糊化法 K'_d，K'_p，及 α 可以即時 (on-line) 得到，一些模擬的例子可在 [42] 看到。

補充說明：其實以一個控制設計者立場，上述方法只是一個設計原則，PID 控制器本來就是一個 "嘗試錯誤"(trial and error) 的控制器，它是否適用？其實還要看受控體的複雜度而定，以上所述方法只是一個建議，無法保證控制效果如你所願。若要真的了解 PID 之控制效果，還必須參考線性系統方面的書（如 [17]），把 PID 控制器與受控體轉換函數一起考慮成一個閉迴路系統，再詳細分析推導才行。再說 PID 控制器中有一個微分器 (D)，這是一個很冒險的控制分項，它容易把一個變化激烈的信號微分成一個非常大

的信號，讓受控體承受此大信號而造成系統的損害。一般工業界之所以喜歡使用 PID 控制器，主要是因為它簡單、易實現、易操作，但它們用的受控體也不是很高階，所處理信號也不會是激烈變化的，所以 PID 控制器倒是蠻實用的。

表 11.1:圖 11.8 所需的 K'_p

K'_P		$\dot{e}(t)$						
		NB	NM	NS	ZO	PS	PM	PB
$e(t)$	NB	B	B	B	B	B	l	B
	NM	S	B	B	B	B	l	S
	NS	S	S	B	B	B	S	S
	ZO	S	S	S	B	S	S	S
	PS	S	S	B	B	B	S	S
	PM	S	B	B	B	B	l	S
	PB	B	B	B	B	B	l	B

表 11.2: 圖 11.8 所需的 K'_d

K'_d		$\dot{e}(t)$						
		NB	NM	NS	ZO	PS	PM	PB
$e(t)$	NB	S	S	S	S	S	S	S
	NM	B	B	S	S	S	B	B
	NS	B	B	B	S	B	B	B
	ZO	B	B	B	B	B	B	B
	PS	B	B	B	S	B	B	B
	PM	B	B	S	S	S	B	B
	PB	S	S	S	S	S	S	S

表 11.3: 圖 11.8 所需的 α

α		$\dot{e}(t)$						
		NB	NM	NS	ZO	PS	PM	PB
$e(t)$	NB	S	S	S	S	S	S	S
	NM	H	H	S	S	S	H	H
	NS	M	H	H	S	H	H	M
	ZO	B	M	H	H	H	M	B
	PS	M	H	H	S	H	H	M
	PM	H	H	S	S	S	H	H
	PB	S	S	S	S	S	S	S

11.4 本章總結

　　本章探討了線性受控體加上模糊控制器的閉迴路穩定問題，如何設計模糊控制器使得閉迴路系統可以達到漸進穩定或輸入-輸出穩定。另外也處理步階響應的控制問題，由模糊規則來調整PID控制器的各個增益參數值，以達到期望的步階響應輸出。這一章可說是結合傳統控制與模糊控制的內容了。但是讀者在修讀這一章時，應該也會感覺控制工程的基礎知識蠻多的，若是對一個控制工程的門外漢的讀者而言，當然有些困難，所以若您是屬於門外漢這一型的人，請您務必多參考相關的控制工程書籍為要。

習 題

11.1. 有一個轉換函數 $H(s) = \dfrac{1}{(s+1)(s+2)}$ 之受控體，請設計一個模糊控制器，使整個閉迴路系統之平衡點為漸近穩定。

11.2. 請把 11.1 題模擬出來並畫出 x_1 及 x_2 的響應圖，若再加上一個步階輸入，其輸出響應圖又是如何呢？

11.3. 請詳讀相關書籍，了解 PID 控制器的設計知識，尤其是參考網址 [54]。

11.4. 有個受控體 $H(s) = \dfrac{12}{(s+1)(s+2)^3}$，請用 PID 控制器設計，使其閉迴路之輸出能抵達設定點，其中 K_p, K_d 及 α 用模糊規則來調整之。設計中所須的 K_p, K_d 及 α 之上下界及 e 及 $\dot{e}$ 之上下界可由讀者自己適當的選取。

11.5. 請把第 11.5 題之結果模擬出來，畫出其步階輸入之輸出響應圖。

第 十 二 章

非 線 性 函 數 之 模 糊 模 式 建 立

12.1 前言

　　本章是模糊邏輯一個很重要的應用之一，主要是用於處理一個只知道輸入及輸出訊號的系統（也許是硬體或是軟體），以模糊規則庫的方式來模擬此系統數學函式，也就是說若此模糊規則庫建立之後，同樣的輸入分別進入原系統與模糊規則庫，分別得到的輸出將非常相近，這就是所謂的一個非線性函數之模糊模式的建立，如圖 12.1 中，輸出 y_1 及 y_2 應該很相近。又為何是 "非線性" 函數呢？因為以模糊規則庫推導出來的數學式子就是一個非線性方程式。在前面幾章中，我們提到許多種模糊化方法、推論工場、解模糊化之方法，若一個模糊規則庫使用不同之模糊化、推論工場、解模糊化互相配合，可能得到數十種之模糊系統模式表示法。坦白說，以上數十種中有許多種表示法根本不實用，但也有幾種確實很受歡迎。本章主要整合那些較常用、較受歡迎的幾種模糊化方法、推論工場、解模糊化方法，來展現"近似任何非線性函數"之功能，這就是所謂的模糊系統模式的建立。

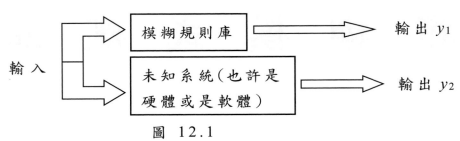

圖 12.1

12.2 常用之模糊系統模式

　　若 第 八 章 中 之 (8.1) 式 的 後 件 部 模 糊 集 合 B^ℓ 是 正 規 （ normal ） 的 而 且 以 $\bar{y}^\ell$ 為 中 心 ， 則 以 (8.1) 式 為 規 則 ， 以 乘 積 推 論 工 場 (8.10) ， 中 心 平 均 值 解 模 糊 法 (9.8) 式 結 合 之 模 糊 系 統 模 式 表 示 法 為

$$f(x) = \frac{\sum_{\ell=1}^{M} \bar{y}^\ell \left(\prod_{i=1}^{n} A_i^\ell(x_i) \right)}{\sum_{\ell=1}^{M} \left(\prod_{i=1}^{n} A_i^\ell(x_i) \right)} \qquad (12.1)$$

其 中 $x = [x_1, x_2, ..., x_n] \in U \subset R^n$ 是 模 糊 系 統 之 輸 入 向 量 信 號 ， x_l 是 向 量 x 中 第 l 個 元 素 。 $f(x) \in V \subset R$ 為 模 糊 系 統 之 輸 出 ， M 是 (8.1) 式 中 的 規 則 數 ， n 是 前 件 部 之 輸 入 個 數 。 換 句 話 說 一 個 用 (8.1) 式 表 示 之 模 糊 規 則 之 系 統 可 以 (12.1) 式 之 數 學 式 來 表 示 ， 此 道 理 之 証 明 可 參 考 [12] 第 119 頁 ， 本 書 不 再 重 述 。 (12.1) 式 是 一 個 從 x 映 射 到 $f(x)$ 之 非 線 性 映 射 ， 吾 人 可 從 (12.1) 式 看 出 一 個 模 糊 系 統 的 輸 出 ， 是 模 糊 規 則 中 每 條 規 則 後 件 部 模 糊 集 合 中 心 點 （ 即 $\bar{y}^\ell$ ） 之 權 重 平 均 值 。 那 些 權 重 乃 根 據 該 規 則 輸 入 x 之 觸 發 前 件 部 模 糊 集 合 歸 屬 函 數 值 即 $A_i^\ell(x_i)$ 的 乘 積 （ 因 此 為 非 線 性 ） 而 定 ， 若 觸 發 歸 屬 函 數 值 乘 積 愈 大 ， 該 規 則 之 後 件 部 權 重 愈 重 ， 挺 合 乎 直 覺 的 ， 而 且 計 算 也 簡 單 ， 所 以 (12.1) 式 目 前 是 最 常 用 的 模 糊

系 統 模 式 表 示 法 之 一 。 另 外 (12.1) 式 也 反 應 了 一 件
事 ， 它 提 供 了 一 個 模 式 ， 即 是 把 一 個 口 語 規 則 庫 系 統
轉 變 為 一 個 非 線 性 映 射 函 數 ， 這 是 一 個 在 工 程 應 用 上
很 大 的 貢 獻 。

若 (12.1) 式 中 之 模 糊 集 合 A_i^ℓ 及 B^ℓ 是 高 斯 型 歸 屬 函 數 如
下

$$A_i^\ell(x_i) = a_i^\ell \exp[-(\frac{x_i - \bar{x}_i^\ell}{\sigma_i^\ell})^2]$$

$$B^\ell = \exp[-(y - \bar{y}^\ell)^2]$$

其 中 $0 < a_i^\ell \leq 1$ ， $\sigma_i^\ell \in (0, \infty)$ ， 則 (12.1) 式 可 改 寫 成

$$f(x) = \frac{\sum_{\ell=1}^{M} \bar{y}^\ell \left[\prod_{i=1}^{n} a_i^\ell \exp[-(\frac{x_i - \bar{x}_i^\ell}{\sigma_i^\ell})^2] \right]}{\sum_{\ell=1}^{M} \left[\prod_{i=1}^{n} a_i^\ell \exp[-(\frac{x_i - \bar{x}_i^\ell}{\sigma_i^\ell})^2] \right]} \qquad (12.2)$$

(12.2) 式 是 根 據 乘 積 推 論 工 場 (8.10) 式 ， 及 中 心 平 均 值
解 模 糊 化 (9.8) 式 結 合 之 模 糊 系 統 模 式 表 示 法 。 其 他 三
角 形 或 梯 形 模 糊 集 合 A_i^ℓ 及 B^ℓ 之 模 糊 系 統 模 式 表 示 法
可 以 把 exp 函 數 改 成 三 角 形 或 梯 形 的 對 應 函 數 。 若 把
(12.2) 式 中 之 推 論 工 場 改 為 最 小 推 論 工 場 (8.11) 式 ， 則
吾 人 有 (12.3) 式 ：

$$f(x) = \frac{\sum_{\ell=1}^{M} \bar{y}^{\ell} \left(\min_{i=1}^{n} A_i^{\ell}(x_i) \right)}{\sum_{\ell=1}^{M} \left(\min_{i=1}^{n} A_i^{\ell}(x_i) \right)} \qquad (12.3)$$

以下有更有趣的模糊系統模式，待我細述如下：
若模糊規則之後件部模糊集合之 B^{ℓ} 是正規的，且以 $\bar{y}^{\ell}$
為中心，則以路卡推論工場(8.12)（或丹尼推論工場
(8.14)）以及中心平均值解模糊化(9.8)結合之模糊系
統表示法為

$$f(x) = \frac{1}{M} \sum_{\ell=1}^{M} \bar{y}^{\ell} \qquad (12.4)$$

（証明請參考[12]第 121 頁）。
(12.4)是如此乾淨俐落，令人不可思議，它根本不在
乎輸入信號 x 為何，輸出均為所有規則後件部之平均
值，輸入觸發引起的權重值完全不被考慮，所以說
(12.4) 式不太合理，不受大家信任採用。

若模糊規則之後件部模糊集合之 B^{ℓ} 是正規的且
以 $\bar{y}^{\ell}$ 為中心，則以推論工場(8.10)式，最大值解模糊
化法(9.5)、(9.6)或(9.7)式結合之模糊系統模式表示法
為

$$f(x) = \bar{y}^{\ell^*} \qquad (12.5)$$

其 中 $\ell^* \in \{1, 2, \ldots, M\}$ 滿 足

$$\prod_{i=1}^{n} A_i^{\ell^*}(x_i) \geq \prod_{i=1}^{n} A_i^{\ell}(x_i). \tag{12.6}$$

換 句 話 說 ℓ^* 代 表 某 條 規 則 它 的 前 件 部 x_i 觸 發 值 乘 積 是 所 有 規 則 中 最 大 的 ， 而 那 條 規 則 的 後 件 部 中 心 值 即 是 本 模 糊 系 統 之 輸 出 ； 也 就 是 說 ， x_i 觸 發 最 屬 害 那 一 條 規 則 反 應 就 可 以 代 替 整 個 系 統 的 反 應 了 。 是 不 是 很 有 趣 呢 ？ 但 值 得 注 意 的 是 當 輸 入 x 稍 有 不 同 造 成 ℓ^* 也 變 換 發 生 時 ， $\bar{y}^{\ell^*}$ 也 就 不 同 了 ， 因 此 會 造 成 不 連 續 的 輸 出 ， 這 在 閉 迴 路 系 統 中 是 要 避 免 的 。

若 把 (12.5) 式 中 之 乘 積 推 論 工 場 (8.10) 式 改 成 最 小 推 論 工 場 (8.11) 式 ， 其 他 都 不 變 ， 則 (12.5) 式 不 變 ， 但 (12.6) 式 改 為

$$\min_{i=1}^{n}\left(A_i^{\ell^*}(x_i)\right) \geq \min_{i=1}^{n}\left(A_i^{\ell}(x_i)\right). \tag{12.7}$$

看 到 這 兒 ， 讀 者 也 許 會 奇 怪 為 何 此 處 都 不 提 其 他 如 札 德 ， 丹 尼 ， 路 卡 推 論 工 場 與 其 他 解 模 糊 化 結 合 之 模 糊 系 統 模 式 ？ 原 因 很 簡 單 ， 那 些 推 論 工 場 與 其 他 解 模 糊 化 結 合 的 話 ， 算 式 非 常 複 雜 ， 結 果 也 不 見 得 合 理 ， 當 然 不 受 歡 迎 ， 所 以 我 們 也 避 之 唯 恐 不 及 囉 。

12.3 無限近似定理

　　從上一節中我們可以看出一個模糊規則庫可以一個非線性函數來描述，或說模糊規則庫也可以模擬一個非線性系統，如此給予大家對模糊系統模式有更深入分析研究的途徑。但我們也許會問：模糊系統模式既然可以非線性函數來描述，那是否任一非線性函數皆可由模糊系統模式來近似，近似的程度又如何？以下的定理可以回答我們的疑問。

定理 12.1(無限近似定理 (Universal Approximation Theorem)) :

任何一個實數連續函數 $g(x)$ ， $x \in U \subset R^n$ 是一個封閉區間，則存在有一模糊系統 $f(x)$ 如 (12.2) 式，滿足

$$\sup_{x \in U} |f(x) - g(x)| < \varepsilon \qquad (12.8)$$

其中 ε 為任何正數。　　　　　　　　　　　□

此定理証明可在 [43] 中找到，因太複雜，在此略去。定理 12.1 告訴我們 (12.2) 式之模糊系統模式可近似任何連續的非線性函數 $g(x)$ 到任意要求的精確度 (即 ε 是我們任意設定的)，是不是很令人興奮，也驚訝模糊系統模式之 "強而有力" ？但是只知道存在有模糊系統模式可以近似非線性函數，似乎令人意猶未盡，要

如何找出那個模糊系統模式呢？這是我們接下去要討論的主題。

12.4 模糊系統模式建立

前面已說明模糊系統模式可以近似任何非線性函數 $g(x)$，現在我們就是要討論如何尋找最近似該函數 $g(x)$ 的模糊系統模式。以下初始條件必須先知道。

初始條件：$g(x)$ 函數樣式事先未知，但是一個連續可分析的函數。我們任給一個 x，就有相對一個 $g(x)$ 值，換句話說，輸入 x 與輸出 $g(x)$ 可得到，但 $g(x)$ 函數本身是未知的。如何從一堆輸入值 x 與其對應輸出值 y 中，找到一個最佳模糊系統去近似 "未知的非線性函數 $g(x)$" 呢？現在我們把要處理的問題再歸納如下：

題目：假設 $g(x)$ 是一個未知的函數，它是連續可分析的，$x = (x_1, x_2)$ 是定義在一個封閉的二度空間內 $x_1 \in [\alpha_1, \beta_1]$ 及 $x_2 \in [\alpha_2, \beta_2]$，若給予任一組輸入 $x = (x_1, x_2)$，我們就可以得到一個輸出 $y = g(x)$。吾人的工作就是由這些得到的輸入 x 及輸出 y 來近似 $y = g(x)$ 函數之模糊系統。

這個模糊系統設計步驟如下：

步驟一：在 x_1 軸之考慮區域 $[\alpha_1, \beta_1]$ 定義為 N_1 個模糊集合 $A_1^1, A_1^2, \cdots, A_1^{N_1}$ 之宇集合，例如：$N_1 = 3$，其中 e_1^1, e_1^2 及 e_1^3 分別為三角形模糊集合 A_1^1, A_1^2 及 A_1^3 之核心點，且令 $e_1^1 = \alpha_1$ 及 $e_1^3 = \beta_1$；而 $[\alpha_2, \beta_2]$ 為 N_2 個模糊集合 $A_2^1, A_2^2, \cdots, A_2^{N_2}$

之宇集合,例如:$N_2 = 4$,其中 e_2^1, e_2^2, e_2^3 及 e_2^4 分別為三角形模糊集合 A_2^1, A_2^2, A_2^3 及 A_2^4 之核心點,且令 $e_2^1 = \alpha_2$ 及 $e_2^4 = \beta_2$,如圖 12.2 所示。(其中 N_1 及 N_2 的值是先假設的,要如何設定適當的值由準確度要求而定,後面會繼續討論此部分)。

備註 1:在此每一模糊集合 A_i^j 均須滿足正規,一致性(consistent),完全性(complete)等特性,所謂"完全性"即是宇集合 X_i 中之任一點 x_i 必然有模糊集合 A_i^j 使得 $A_i^j(x_i) \neq 0$。所謂"一致性",即是某一個 $x_i \in X_1$ 且 $A_i^j(x) = 1$,則 $A_i^k(x) = 0$,當 $k \neq j$。

備註 2:縱軸與橫軸的模糊集合 A_i^j 不一定要三角形,方便計算為主,梯形或高斯形均可。

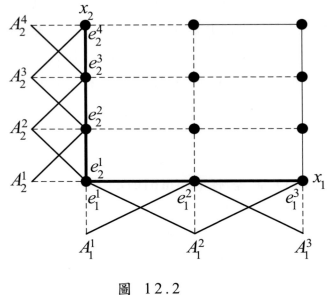

圖 12.2

步驟二： 建立 $N_1 \times N_2 = M$ 個模糊規則如下

$$R^{i,j}:若 \ x_1 \ 是 \ A_1^i \ 且 \ x_2 \ 是 \ A_2^j，則 \ y \ 是 \ B^{ij} \qquad (12.9)$$

其中 $i = 1, \ 2, \cdots, N_1, \ j = 1, \ 2, \cdots, N_2$，而且模糊集合 B^{ij} 的中心點為 y^{ij}，且 $y^{ij} = g(e_1^i, e_2^j)$。若如圖 12.2 所示我們將有 $3 \times 4 = 12$ 條規則，而 y^{ij} 有如圖上 12 個黑點也就是 12 組輸入 $[e_1^i, e_2^j]$ 的實際 $g(x)$ 輸出。

步驟三：根據 (12.9) 式之模糊規則及 (12.1) 式，吾人可得此模糊系統為

$$f(x) = \frac{\sum\limits_{i=1}^{N_1}\sum\limits_{j=1}^{N_2} y^{ij}\left(A_1^i(x_1)A_2^j(x_2)\right)}{\sum\limits_{i=1}^{N_1}\sum\limits_{j=1}^{N_2}\left(A_1^i(x_1)A_2^j(x_2)\right)} \qquad (12.10)$$

備註 3：上式分母不會有等於 0 的情況出現，因為 A_j^i 滿足 "完全性"，也就是說每一個輸入 (x_1, x_2) 恆存在 i, j，使得 $A_1^i(x_1)A_2^j(x_2) \neq 0$。

　　在步驟二中，前件部會考慮 A_1^i 及 A_2^j 之所有可能組合，若前件部之輸入語句變數有 n 種，每個輸入又定義 K 個模糊集合狀態，則所有可能之規則總數為 K^n 條，因此以上的設計步驟乃根據輸入變數的個數及每個變數之模糊集合個數而增加模糊規則數，而且增加量是以指數型增加的，很嚇人的！

　　當我們辛辛苦苦建立了近似 $g(x)$ 之模糊系統 $f(x)$ 時，也許讀者又會問：這種 $f(x)$ 與 $g(x)$ 之近似度又如何呢？下面的定理告訴你答案

定理 12.2[12]：以上步驟求得之 $f(x)$ 與未知函數 $g(x)$ 近似準確度為

$$\|g - f\|_\infty \leq \left\|\frac{\partial g}{\partial x_1}\right\|_\infty h_1 + \left\|\frac{\partial g}{\partial x_2}\right\|_\infty h_2 \qquad (12.11)$$

其中 $\|\cdot\|_\infty$ 定義為 $\|d(x)\|_\infty = \sup\limits_{x \in U}|d(x)|$, $d(x)$ 為任一個 x 的函數；$h_i = \max\limits_{1 \le j \le N_{i-1}}\left|e_i^{j+1} - e_i^j\right|$。$e_i^{j+1}$ 及 e_i^j 在上面步驟一中有定義。（証明請參考 [12] 之 134 頁。）　　　□

從定理 12.2 我們補充幾個說明於下。

備註 4：因為 $\left\|\dfrac{\partial g}{\partial x_1}\right\|_\infty$ 及 $\left\|\dfrac{\partial g}{\partial x_2}\right\|_\infty$ 都是有限的，所以我們可以選取 h_1 及 h_2 非常小，使得 (12.11) 式小於任何小的數 ε，也就是說可以取非常多的模糊集合語句變數，直到 $\|g-f\|_\infty \le \varepsilon$ 為止。當然如此的要求可以使模糊系統逼近到 $g(x)$ 無限近似，但卻也使得規則數急速地增加，所以系統 f 更複雜了。這也是沒辦法的事，你要愈精確的近似準確度就必須付出代價，建立規則數愈多的近似系統，反之規則數愈少，當然就愈不精確了。

備註 5：若我們不願意讓規則數太多，採用的 h_i 就不要太小，但又要使近似準確度達到要求，則我們需先知道 $\left\|\dfrac{\partial g}{\partial x_1}\right\|_\infty$ 及 $\left\|\dfrac{\partial g}{\partial x_2}\right\|_\infty$ 之大小。換句話說，若事先知道 $\left\|\dfrac{\partial g}{\partial x_1}\right\|_\infty$ 及 $\left\|\dfrac{\partial g}{\partial x_2}\right\|_\infty$ 的大小，吾人可以斟酌 h_i 取多大，取多少規則數來達到要求的近似度。

備註 6：值得提醒讀者的是由以上步驟所求的 $f(x)$ 與未知函數 $g(x)$ 在輸出各點有以下關係

$$f(e_1^i, e_2^j) = g(e_1^i, e_2^j)$$

即圖 12.2 中之個黑點位置，及其對應的高度 y^{ij}。

備註 7[12]：在定理 12.2 及步驟三中，若把 $A_1^i(x_1)A_2^j(x_2)$ 乘積推論以 $\min[A_1^i(x_1), A_2^j(x_2)]$ 推論代替，則 (12.11) 式仍然適用。

備註 8：下面我們會用一個參數表示法表示模糊集合形狀，以方便設計步驟的說明。如 $A_i^j = \{x; a, b, c, d\}$ 表示一個梯形的模糊集合定義在 X 宇集合上，而 a 與 d 為底集的前後端點，b 與 c 則為轉折點對應到的 x 位置，如圖 12.3。若是三角形，則 $b=c$,可以簡化寫成 $A_i^j = \{x; a, b, d\}$.

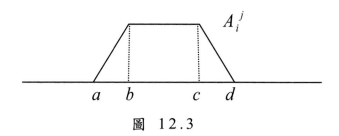

圖 12.3

以下有兩個例子可以幫助讀者更加了解以上模糊系

統設計步驟。

例 12.1：有一個函數 $g(x) = \cos x$ 定義在 $x \in [-3,3] = U$ 中，若準確度為 $\varepsilon = 0.3$，如何設計模糊系統 $f(x)$ 近似 $g(x)$，達到 $|g - f| < \varepsilon$？

解：因為 $\left\| \dfrac{\partial g}{\partial x} \right\|_{\infty} = \|\sin x\|_{\infty} = 1$，由 (12.11) 式可知 $h_1 = 0.3$ 才可以滿足我們的要求，也就是說在 [-3，3] 之區間內要定出 21 個 A_1^i 之模糊集合 $A_1^1 = \{x; -3, -3, -2.7\}$，$A_1^2 = \{x; -3, -2.7, -2.4\}$,..., $A_1^{21} = \{x; 2.7, 3, 3\}$，如圖 12.4 所示. 再根據 (12.10) 式可得

$$f(x) = \frac{\sum\limits_{i=1}^{21} \cos(e_1^i) A_1^i(x)}{\sum\limits_{i=1}^{21} A_1^i(x)} \qquad (12.12)$$

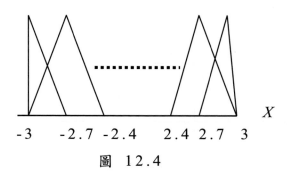

圖 12.4

我們模擬看看，在圖 12.5 中，可以看見 f 與 g 近乎完

全重疊，可見近似的多好呀！再看一個例子。

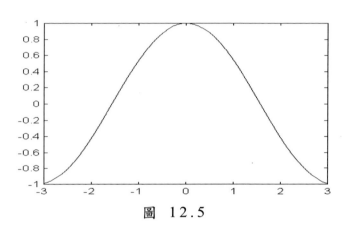

圖 12.5

例 12.2：有一個非線性函數

$g(x) = 0.51 + 0.2x_1 + 0.28x_2 - 0.05x_1x_2$ 定 義 在 $x \in U = [-1,1] \times [-1,1]$

上，吾人所要求的準確度 $\varepsilon = 0.116$，求近似模糊系統模

式為何？

解：因

$$\left\|\frac{\partial g}{\partial x_1}\right\|_\infty = \sup_{x \in U}|0.2 - 0.05x_2| = 0.25, \quad \left\|\frac{\partial g}{\partial x_2}\right\|_\infty = \sup_{x \in U}|0.28 - 0.05x_1| = 0.33,$$

因此從（12.11）式 $\|g - f\|_\infty \leq 0.25h_1 + 0.33h_2 < 0.116$，$h_1 = 0.2$ 及

$h_2 = 0.2$ 是不錯的選擇，所以我們在 $x_1 \in [-1,1]$ 及 $x_2 \in [-1,1]$

之區間內有

$$A_1^1\{x_1; -1, \ -1, \ -0.8\}, A_1^2\{x_1; -1, \ -0.8, \ -0.6\}, \cdots\cdots, A_1^{11}\{x_1; 0.8, \ 1, \ 1\}$$

及

$A_2^1\{x_2;-1,\ -1,\ -0.8\}, A_2^1\{x_2;-1,\ -0.8,\ -0.6\}\cdots\cdots, A_2^{11}\{x_2;0.8,\ 1,\ 1\}$

各 11 個模糊集合，組合起來有 $11\times11=121$ 條規則如下

$$\text{若 } x_1 \text{ 是 } A_1^i \text{ 且 } x_2 \text{ 是 } A_2^j \text{ ,則 } y \text{ 是 } B^{ij}$$

其中 $i=1,2,\ldots,11$; $j=1,2,\ldots,11$; 且 B^{ij} 之中心為 $y^{ij}=g(e_1^i,e_2^j)$ ，而此模糊系統為

$$f(x)=\frac{\displaystyle\sum_{i=1}^{11}\sum_{j=1}^{11}g(e_1^i,e_2^j)\left(A_1^i(x_1)A_2^j(x_2)\right)}{\displaystyle\sum_{i=1}^{11}\sum_{j=1}^{11}\left(A_1^i(x_1)A_2^j(x_2)\right)} \qquad (12.13)$$

從以上例子我們發現 121 條規則數確實很多，太複雜了些，是否真需要 121 條規則才能近似 $g(x)$，可否減少規則數而仍能保持要求的近似準確度呢？很幸運地，答案是可以的，待說明如下，請讀者繼續耐心往下看。

12.5 模糊系統模式之再簡化

若被近似的函數 $g(x)$ 為兩次連續可微分（twice

continuously differentiable)，而且 A_1^i 及 A_2^j 為三角形的話，事實上上一節的設計步驟設計出來的近似模糊系統，規則數可以更少，但近似準確度仍然可以達到要求。

定理　12.3[12]：若 $g(x)$ 為兩次連續可微分的函數，則上節步驟設計的 f 可以有以下的準確度

$$\|g-f\|_\infty \le \frac{1}{8}\left(\left\|\frac{\partial^2 g}{\partial x_1^2}\right\|_\infty h_1^2 + \left\|\frac{\partial^2 g}{\partial x_2^2}\right\|_\infty h_2^2 \right) \qquad (12.14)$$

其中 $h_i = \max_{1\le j\le N_{i-1}} \left|e_i^{j+1} - e_i^j\right|,\ i=1,2.$ $\qquad\square$

定理 12.3 之証明太複雜，有興趣的讀者請參考 [12] 之第 132 頁。

例 12.3：再回頭對照一下，上一節的例子例 12.1，因為 $\left\|\dfrac{\partial^2 g}{\partial x^2}\right\|_\infty = 1$ 所以若選取 $h=1$，則 (12.14) 式告訴我們

$$\|g-f\|_\infty \le \frac{1}{8} < \varepsilon = 0.3$$

也就是說在 $[-3,3]$ 之間只要取 7 個模糊集合 $A_1^j,\ j=1,2,\cdots,7$，即

$A_1^1 = \{x; -3, -3, -2\}$, $A_1^2 = \{x; -3, -2, -1\}$, $A_1^7 = \{x; 2, 3, 3\}$，即可得到上式的準確度，而不需要 21 個模糊集合。(12.12)式也就可以簡化成

$$f(x) = \frac{\sum_{i=1}^{7} \cos(e_1^i) A_1^i(x)}{\sum_{i=1}^{7} A_1^i(x)} \qquad (12.15)$$

比較 (12.15) 式與 (12.12) 式，可以看出 21 條規則已被簡化成 7 條規則，但近似準確度也達到要求，見圖 12.6。其中平滑的曲線是 $g(x)$，而直線有轉折的就是 $f(x)$.

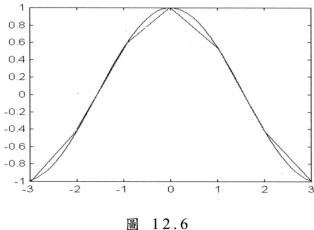

圖　12.6

例 12.4：回頭再看例 12.2，$\dfrac{\partial^2 g}{\partial x_i^2} = 0$，$i = 1, 2$，則從 (12.14) 式可知 $\|g - f\|_\infty = 0$，或說 $g(x) = f(x)$。若這種情況發生，

一般我們會取取 $h_1 = h_2 = 2$，亦即 $N_1 = N_2 = 2$，見圖 12.6，則只有 4 條規則，$f(x)$ 如下

$$f(x) = \frac{\sum_{i=1}^{2}\sum_{j=1}^{2} g(e_1^i, e_2^j)\left(A_1^i(x_1)A_2^j(x_2)\right)}{\sum_{i=1}^{2}\sum_{j=1}^{2}\left(A_1^i(x_1)A_2^j(x_2)\right)} \qquad (12.16)$$

其中

$$A_i^1(x_i) = A_i^1\{x_i; -1, -1, \ 1\} = \frac{1}{2}(1 - x_i);$$

$$A_i^2(x_i) = A_i^2\{x_i; -1, \ 1, \ 1\} = \frac{1}{2}(1 + x_i)\,\text{。}$$

又因 $g(-1,-1) = -0.02$, $g(-1,1) = 0.63$, $g(1,-1) = 0.48$, $g(1,1) = 0.94$，把 $A_i^j(x_i)$ 代入 (12.16) 式可得

$$f(x) = \left[\frac{(-0.02)(1-x_1)(1-x_2)}{4} + \frac{0.63(1-x_1)(1+x_2)}{4}\right.$$

$$\left. + \frac{0.48(1+x_1)(1-x_2)}{4} + \frac{0.94(1+x_1)(1+x_2)}{4}\right]$$

$$\overline{\frac{1}{4}\left[(1-x_1)(1-x_2) + (1-x_1)(1+x_2) + (1+x_1)(1-x_2) + (1+x_1)(1+x_2)\right]}$$

$$= 0.51 + 0.2x_1 + 0.28x_2 - 0.05x_1x_2 \qquad (12.17)$$

令人驚訝的是 (12.17) 式竟然與例 12.2 中之 $g(x)$ 一模一樣，這就是我們上面所預測的 $f(x) = g(x)$ 完全正確。因此下面的定理自然產生。

定理 12.4：若 $g(x)$ 如下式所示，則用本節的設計方法所設計的 $f(x)$ 會完全符合 $f(x) = g(x)$

$$g(x) = a_{00} x_1^0 x_2^0 + a_{01} x_1^0 x_2^1 + a_{10} x_1^1 x_2^0 + a_{11} x_1^1 x_2^1$$

其中 a_{ij} 為常數， $i, j = 0, 1$。 □

證明：很簡單，因為 $\dfrac{\partial^2 g}{\partial x_i^2} = 0$, $i = 1, 2$， (12.14) 式可看出很明顯吧！在 [12] 中還提到若近似模糊系統之解模糊化用 "最大值解模糊化法" 如 (9.5)~(9.7) 式，則近似準確度也如 (12.11) 式，分析方法類似，不再詳述，但 (12.14) 式在此不再適用。

12.6 本章總結

本章主要所學習到的是如何把一個模糊規則庫寫成一個非線性函數表示法。再利用這個模糊系統模式去近似任何未知之非線性函數，近似方法之步驟也一一詳盡地提到，並把近似準確度與模糊系統規則數之關係用幾個重要定理列出。此種近似功能，可以說是模糊系統很大的貢獻之一，因為如此，許多實際系統很複雜，但是可以量得到輸入與輸出，我們利用此節的方法，就可以模擬出此複雜系統的數學方程式，可以提供設計者分析或再設計此系統的更多功能。

習題

12.1. 請用札德推論工場(8.13)式，高度值解模糊化法(9.8)式結合，推導出一個模糊系統非線性式如(12.1)式。

12.2. 請用路卡推論工場(8.12)式，最大值之平均值解模糊化法(9.7)式結合，推導出一個模糊系統非線性式如(12.1)式。

12.3. 請寫出並畫出第八章例 8.3 中的兩條規則，用乘積推論工場(8.10)式，高度值解模糊化法(9.8)式結合產生之非線性式 $f(x)$。

12.4. 請用§12.4 節中所提出之設計步驟來近似一個非線性函數 $g(x) = sin(\pi x) + cos(2\pi x)$，其中 $x \in [-1,1]$，且準確度設定為 $\varepsilon = 0.1$，並畫出 $f(x)$。

12.5. 請用§12.5 節中所提出之簡化設計對上一題再重做一次，並畫出 $f(x)$。

12.6. 請用 §12.4 節中所提出之設計步驟來近似一個非線性函數 $g(x)=0.5x_1^2+0.2x_2^2+0.7x_2-0.5x_1x_2$，其中 $x\in[-1,1]$，且準確度設定為 $\varepsilon=0.05$，並畫出 $f(x)$。

第 十 三 章

T-S 模 糊 模 式
建 立 及 其
穩 定 性 分 析

13.1 前言

　　一般傳統上之控制系統，它的穩定性是最受設計者及使用者重視的一個焦點，舉凡系統本身之穩定性分析或系統控制器之穩定性設計，在在都是系統使用者或設計者最關心的問題。若系統是不穩定的，則可能會造成系統內之某些狀態 (states) 如電壓、電流等發生增大而至損壞系統元件的情形，為了避免這種情形發生，穩定性就成為控制系統最不可或缺的性能要求。本章只是作一基本概略的介紹，若讀者須要詳盡的了解系統穩定性之分析，可參考市面上 "控制工程" 方面的書或參考 [17]。

　　第十章曾經提到如何設計模糊控制系統，但是皆建立在以直覺或經驗作為設計的主要依據，因為那些主要是實驗上或應用上的控制，可以以眼睛觀察控制成效是否滿意，因此不在乎數學上穩定條件是否滿足，或是說根本無法建立出可以判斷穩定度的數學依據。第十四章乃為一個本身穩定的線性系統設計模糊控制器，使其滿足回授系統 (closed loop system) 的穩定條件。若是受控體工場 (plant) 本身是不穩定的，或甚至是非線性系統，那應該如何設計模糊控制器呢？所以本章將提到如何建立受控體的模糊模式，稱為 T-S 模糊模式，再設計對應的模糊控制器，並探討整體的回授系統穩定問題。

13.2 系統的穩定條件

　　一般控制系統，均有其數學模式來表示該系統的動態行為。而數學模式表示法中也有兩種常用的領域(domain)，一種為"頻率領域"(frequency domain)的表示法，另一種為"時間領域"(time domain) 的表示法。以下均是以"線性非時變"系統[17]來作說明。

時間領域表示法亦即俗稱的狀態方程式(state equation)表示法[17]

$$\begin{cases} \dot{x}(t) = A\,x(t) + B\,u(t) \\ y(t) = C\,x(t) \end{cases} \tag{13.1}$$

其中 $x(t)$，$u(t)$ 分別表示系統內狀態及控制訊號(它們可能為純量，也可能為向量)，$y(t)$ 為系統輸出訊號，而 A、B 及 C 為非時變常數矩陣，其方塊圖如下所示(見圖 13.1)

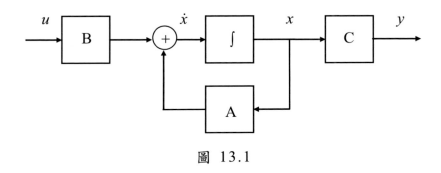

圖 13.1

若我們用狀態回饋(state feedback)法來作控制，即

$$u(t) = -K\,x(t)$$

則原系統變成

$$\dot{x}(t) = (A - BK)\, x(t)$$
$$y(t) = Cx(t)$$

此系統的解 $x(t)$ 可由下式得到

$$x(t) = x(0)e^{(A-BK)t} \tag{13.2}$$

仔細計算後，上式可寫成以下形式 [58]

$$x(t) = \sum_i c_i e^{\lambda_i(A-BK)t} \tag{13.3}$$

其中 $\lambda_i(A-BK)$ 表示矩陣 $A-BK$ 的特徵值 (eigenvalues)，若所有特徵值在複數平面之左半面，則當時間趨近無限大時，系統狀態 $x(t)$ 如 (13.3) 會收斂至零，亦即此系統是穩定的。若 $(A-BK)$ 之特徵值有某些在複數平面之右半面，則會造成 $x(t)$ 向量中某些狀態 $x_i(t)$ 有無限增大危險，而使系統元件損壞，這種 "不穩定" 狀態要避免。因此，對一個時間領域表示的線性非時變系統，要檢查其 $A-BK$ 之特徵值是否在複數平面之左半面來判定其是否穩定。若是離散系統

$$x(k+1) = (A - BK)\, x(k)$$
$$y(k) = C\, x(k) \tag{13.4}$$

則要檢查其 $A-BK$ 之特徵值是否在複數平面之單位圓內來判

定其是否穩定！

　　另一個為頻率領域表示法，亦即俗稱的 " 轉換函數 "(transfer function)表示法[17]，對於線性非時變連續時間系統，可以如下式及圖 13.2 所示

$$\frac{Y(s)}{U(s)} = G(s) \qquad\qquad (13.5)$$

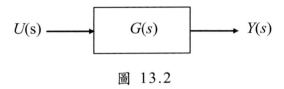

$U(s) \longrightarrow \boxed{\quad G(s) \quad} \longrightarrow Y(s)$

圖 13.2

$Y(s)$ 及 $U(s)$ 分別為輸出及輸入訊號 $y(t)$ 及 $u(t)$ 之拉布拉斯形式(Laplace form)，則 $G(s)$ 即是系統本身的轉換函數。若以圖 13.1 與圖 13.2 對照來看，把圖 13.1 作拉不拉斯形式轉換，則可得 $G(s)=C(sI-A)^{-1}B$。若 $u(t)$ 是一個步階輸入(step input)，而輸出 $y(t)$ 最後能保持平穩狀態，則 $G(s)$ 是穩定系統，換句話說

$$Y(s) = G(s)U(s) \Leftrightarrow y(t) = g(t)*u(t) ,$$

($G(s)$ 為 $g(t)$ 之 Laplace transform)，"*" 表迴旋積分(convolution)，若 $u(t)$ 是有限值，$y(t)$ 也要維持有限值，則系統是穩定的，所以 $G(s)$ 之所有極點(poles) 必須落在複數平面之左半面，(也就是說矩陣 A 的特徵值會落在複數平面之左半面)，否則會造成 $y(t)$ 會增大到不可收拾的地步。因此，對一

個頻率領域表示的線性非時變系統，要檢查 $G(s)$ 之極點是否在複數左半平面上，來判斷其穩定性。

以上兩種是常見的線性非時變系統的穩定性分析，筆者以最簡略的寫法大概的介紹了一下，若讀者不是學控制出身的，則需參考文獻[17]，或請教一些學控制的人，比較能更深入了解。

若是一個系統是非線性的，如下兩式，則以上兩種方法均不再適用，那是因為該系統無法寫成(13.1)式或(13.5)式來表示。

$$\dot{x}(t) = 3x^2 + \sqrt{x} \quad \text{或} \quad \dot{X}(t) = \begin{bmatrix} x_1 & \sin x_2 & \sqrt{x_3} \\ \cos x_1 & 0 & 2 \\ x_1^2 & 1 & x_3 \end{bmatrix} X$$

其中 x 為純量，但 $X = [x_1, x_2, x_3]^T$，上兩式都是非線性系統，因為上式含有平方項、三角函數或開根號。這種系統沒有所謂的特徵值，因此其穩定性就必須要靠另一特殊的方法來判定，那方法叫"李亞普諾夫方法"(Lyapunov method) [18]，現把該方法簡述如下：

定理 13.1 [18]：對一個連續時間(continuous time)系統(可為時變、非時變，線性或非線性)，

$$\dot{x}(t) = f(x(t)) \tag{13.6}$$

$f(x(t))$ 也許是一個 $x(t)$ 的非線性(也可為線性)方程式,且 $f(0)=0$。假設存在有一個純量函數 $V(x(t))$,對 $x(t)$ 而言是連續的,而且

(a) $V(0)=0$,

(b) $V(x(t))>0$,當 $x(t) \neq 0$ 時,

(c) 當 $\|x(t)\| \to \infty$ 時,$V(x(t)) \to \infty$,($\|x(t)\|$ 是狀態向量 $x(t)$ 的範數,乃是一個純量。)

(d) $\dfrac{d}{dt}V(x(t)) < 0$,當 $x(t) \neq 0$,

則原點 $x(t)=0$ 是全面性漸近穩定的(globally asymptotically stable)。(亦即 $x(t)$ 不管初始位置在何處,時間無限大時,均會趨向原點且最終會抵達原點。) □

補充:這定理中的範數與 t－範數之 norm 意義不同,它是一個向量的量測純量,可能是 $\|x(t)\|_2 = \sqrt{x_1(t)^2 + \cdots + x_n(t)^2}$ 或

$\|x(t)\|_1 = \sum\limits_{i=1}^{n}|x_i(t)|$,或 $\|x(t)\|_\infty = \max\limits_{i}|x_i(t)|$ (參考 [17,18]).

對於離散系統則有以下定理。

定理 13.2 [18]:對一個離散時間(discrete time)系統

$$x(k+1) = f(x(k)) \tag{13.7}$$

$f(x(k))$ 也許是一個 $x(k)$ 之非線性方程式(也可以為線性),且 $f(0)=0$ 假設存在有一個純量函數 $V(x(k))$,對 $x(k)$ 而言是連續的,而且

(a) $V(0)=0$,

(b) 當 $x(k)\neq 0$ 時, $V(x(k))>0$,

(c) 當 $\|x(k)\|\to\infty$ 時, $V(x(k))\to\infty$,

(d) 當 $x(k)\neq 0$, $\Delta V(x(k))<0$, ($\Delta V(x(k))\underline{\underline{\Delta}} V(x(k+1))-V(x(k))$)

則原點 $x(k)=0$ 是全面性漸進穩定的。(亦即 $x(k)$ 不管初始位置在何處,時間無限大時會趨向原點且最終會抵達原點的。)

□

由以上兩個定理得知,探討一個系統的穩定性,可由找到一個純量函數 V 代表系統狀態之能量, $\dfrac{d}{dt}V(x(t))<0$ (或 $\Delta V(k)<0$) 表示能量在遞減,直到狀態 $x(t)$ (或 $x(k)$) 跑到原點為止(能量變成 0)。亦即 $x(t)$ (或 $x(k)$) 是愈來愈靠近原點的,而不是發散的,亦即系統是穩定的。李亞普諾方法適用線性或非線性系統,且根本不用求系統的特徵值或轉換函數之極點,其實非線性系統根本無所謂特徵值或轉換函數。

13.3 T-S 模糊系統之建立

　　既然第十章已經教我們如何設計模糊控制系統,但是學術界人士仍然不滿意於以直覺或經驗作為設計的主要依據,因為那一章幾乎沒有提到模糊系統的數學模式,因此無法以數學定理來驗證其整體系統的穩定性。所以日本教授 Prof. Takagi 及 Prof. Sugeno 提出一種有數學模式的模糊系統[19],即著名 Takagi-Sugeno fuzzy model system。 Takagi-Sugeno 模糊系統一般簡稱"T-S 模糊模式系統",該系統的特徵是每一條模糊規則的後件部,都是一個線性動態方程式,在連續系統的話是一個如(13.1)式的微分方程式；而在離散系統的話，則是如(13.4)式的差分方程式。因為如此，許多控制系統的定理就可以應用上來，系統穩定性問題也可以開始被探討，從此以後以 T-S 模糊系統模式來探討模糊控制的文獻如雨後春筍般爆發地發表[46]。

再說一般的非線性系統(受控工場)，往往需要非線性控制器來達到期待的控制效果，但是非線性控制器常有很複雜且難以實現的問題，因此若能把非線性系統改為線性化或是區域線性化，則可以大大減化控制器設計的複雜度，因此 T-S 模糊系統模式就是一個分段式線性化一個非線性系統的方法，因為 T-S 模糊系統中的每一條規則的後件部均是一個線性系統，加上前件部分割了不同操作區域，就好像把一個非線性系統分割成不同區段的線性系統，因此我們才會稱 T-S 模糊系統是一個分段式線性系統融合的非線性系統。本章節中，我們將探討如何把一個非線性系統轉換成 T-S 模糊系統，下一章節再來研究 T-S 模糊系統的穩定性問題。

一般建立 T-S 模糊系統模式的觀念來自於以下兩種，一為"扇形非線性法(sector nonlinearity)"[60]，另一為"局部線性化法(local linearization)"[61]。也就是說一個非線性系統，可用以上兩法建立出 T-S 模糊系統模式，在此我們不詳述該兩方法的原理細節，請有興趣讀者自行參考文獻及相關網站。

在此先介紹利用第一種方法"扇形非線性法"建立 T-S 模糊模式。假如有一個非線性方程式 $f(x)$ 如下

$$z_1 \leq f(x) = z \leq z_2, \quad \text{其中 } x_1 \leq x \leq x_2 \tag{13.8}$$

可以把此非線性方程式以下式表示

$$f(x) = z = M_1(z) \times z_1 + M_2(z) \times z_2, \qquad (13.9)$$

其中 $M_1(x)$ 及 $M_2(x)$ 必須滿足 $M_1(z) + M_2(z)=1$ 且 $M_i(z) \le 1$, $i=1, 2$。其實我們可以把它們看成模糊歸屬函數，形式就如

$$M_1(z) = \frac{z_2 - z}{z_2 - z_1}, \ \text{及} \ M_2(z) = \frac{z - z_1}{z_2 - z_1} \qquad (13.10)$$

一個非線性方程式 $f(x)$ 可以完全以 (13.9) 來表示，這個觀念將被用在一個非線性系統被轉成 T-S 模糊系統模式，我們以下面這個例子來說明。

例 13.1[46]: 有一個非線性系統如下

$$\begin{bmatrix} \dot{x}_1(t) \\ \dot{x}_2(t) \end{bmatrix} = \begin{bmatrix} -x_1(t) + x_1(t)x_2^3(t) \\ -x_2(t) + (3 + x_2(t))x_1^3(t) \end{bmatrix} \qquad (13.11)$$

假設 $x_1(t) \in [-1,1]$ 及 $x_2(t) \in [-1,1]$，則 (13.11) 可以改寫成

$$\begin{bmatrix} \dot{x}_1(t) \\ \dot{x}_2(t) \end{bmatrix} = \begin{bmatrix} -1 & x_1(t)x_2^2(t) \\ (3 + x_2(t))x_1^2(t) & -1 \end{bmatrix} \begin{bmatrix} x_1(t) \\ x_2(t) \end{bmatrix} \qquad (13.12)$$

上式中有兩個非線性函數 $x_1(t)x_2^2(t)$ 及 $(3+x_2(t))x_1^2(t)$，定義

$$z_1(t) = x_1(t)x_2^2(t) \qquad (13.13a)$$
$$z_2(t) = (3+x_2(t))x_1^2(t) \qquad (13.13b)$$

則 (13.12) 變成

$$\dot{X}(t) = \begin{bmatrix} -1 & z_1(t) \\ z_2(t) & -1 \end{bmatrix} X(t) \qquad (13.14)$$

其中 $X(t) = \begin{bmatrix} x_1(t) & x_2(t) \end{bmatrix}^T$。因為 x_1 及 x_2 之範圍，可以求得 $\max\limits_{x_1,x_2} z_1(t) = 1$，$\min\limits_{x_1,x_2} z_1(t) = -1$，且 $\max\limits_{x_1,x_2} z_2(t) = 4$，$\min\limits_{x_1,x_2} z_2(t) = 0$，所以 $z_1 \in [-1, 1]$ 及 $z_2 \in [0, 4]$，因此由 (13.9) 式可得

$$z_1(t) = x_1(t)x_2^2(t) = M_1(z_1) \times (-1) + M_2(z_1) \times (+1) \qquad (13.15a)$$
$$z_2(t) = (3+x_2(t))x_1^2(t) = N_1(z_2) \times 0 + N_2(z_2) \times 4 \qquad (13.15b)$$

其中

$$M_1(z_1) = \frac{1-z_1(t)}{1-(-1)} \quad, \quad M_2(z_1) = \frac{z_1(t)+1}{1-(-1)} \qquad (13.16a)$$
$$N_1(z_2) = \frac{4-z_2(t)}{4-0} \quad, \quad N_2(z_2) = \frac{z_2(t)}{4-0.} \qquad (13.16b)$$

如圖 13.3 所示。若我們把以上 (13.16ab) 當成模糊集合 $M_1(z_1)$：

負的，$M_2(z_1)$：正的，$N_1(z_2)$：小的，$N_2(z_2)$：大的，如圖 13.3 所示，則可以建立出以下 T-S 模糊系統來表示原非線性系統 (13.11)式

規則 1：若 z_1 是正的及 z_2 是大的，則 $\dot{X}(t) = A_1 X(t)$

規則 2：若 z_1 是正的及 z_2 是小的，則 $\dot{X}(t) = A_2 X(t)$

規則 3：若 z_1 是負的及 z_2 是大的，則 $\dot{X}(t) = A_3 X(t)$

規則 4：若 z_1 是負的及 z_2 是小的，則 $\dot{X}(t) = A_4 X(t)$

其中

$$A_1 = \begin{bmatrix} -1 & 1 \\ 4 & -1 \end{bmatrix}, \quad A_2 = \begin{bmatrix} -1 & 1 \\ 0 & -1 \end{bmatrix}$$

$$A_3 = \begin{bmatrix} -1 & -1 \\ 4 & -1 \end{bmatrix}, \quad A_4 = \begin{bmatrix} -1 & -1 \\ 0 & -1 \end{bmatrix}$$

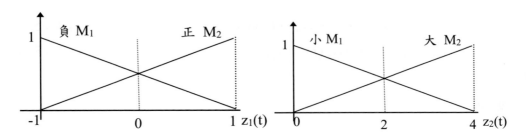

圖 13.3 模糊集合

把此四條規則合併再解模糊化後可以得到

$$\dot{X}(t) = \sum_{i=1}^{4} h_i\,(z(t))\,A_i\,X(t) \tag{13.17}$$

其中

$$h_1(z(t)) = M_2(z_1) \times N_2(z_2)$$
$$h_2(z(t)) = M_2(z_1) \times N_1(z_2)$$
$$h_3(z(t)) = M_1(z_1) \times N_2(z_2)$$
$$h_4(z(t)) = M_1(z_1) \times N_1(z_2)$$

這個 T-S 模糊系統(13.17)在 $x_1(t) \in [-1,1]$ 及 $x_2(t) \in [-1,1]$ 之範圍內是完全等同於原來之非線性系統(13.11)式，換句話說(13.11)式可由四條"線性系統"規則來組合出來而且完全等同原系統(3.11)。

做完這個例子，讀者也許可以嘗試難一點的例子，如倒單擺系統於例 13.2。

例 13.2[46]: 有一個倒單擺系統如下式

$$\dot{x}_1(t) = x_2(t) ,$$
$$\dot{x}_2(t) = \frac{g\sin(x_1(t)) - amlx_2^2(t)\sin(2x_1(t))/2 - a\cos(x_1(t))u(t)}{4l/3 - aml\cos^2(x_1(t))} \quad (13.18)$$

其中 $x_1(t)$ 是單擺擺動的角度，以垂直線為 0 度，假設 $x_1(t) \in [-88^o, 88^o]$ ，$x_2(t)$ 是其角速度。$g=9.8m/s^2$ 是重力加速度，m 是單擺重量，M 是單擺下的台車重量，l 是單擺的一半長度，$a = \frac{1}{m+M}$ 是一常數，$u(t)$ 則是控制單擺下的台車左右移動的力量。

若以例 13.1 的方法求此非線性系統的 T-S 模糊規則將有 16 條[46]，讀者可以自己做看看，此例將放在此章的習題中。

現在我們再介紹第二種方法稱為"局部線性化法" 來建立 T-S 模糊系統模式，也將以一個例子來說明。此方法可以大幅減少 T-S 模糊系統之規則數，它是以非系統之多個"操作點" 作線性化來近似原非線性系統，操作點之數目多寡會影響規則數之多寡，也因為是選擇操作點之方式，所以作出來的 T-S 模糊系統模式就不會是"完全"代表原系統，而是近似原系統了。操作點越多規則數越多，則近似精準度就越高了。如例 13.2，我們若選兩個操作點， $x_1 \approx 0$ 及 $x_1 \approx \pm\frac{\pi}{2}$，則原系統在 $x_1(t) \approx 0$ 時 (13.18) 可簡化成

$$\dot{x}_1(t) = x_2(t) \tag{13.19a}$$

$$\dot{x}_2(t) = \frac{gx_1(t) - au(t)}{4l/3 - aml} \tag{13.19b}$$

在 $x_1 \approx \pm\frac{\pi}{2}$ 時，可簡化成

$$\dot{x}_1(t) = x_2(t) \tag{13.20a}$$

$$\dot{x}_2(t) = \frac{2gx_1(t)/\pi - a\beta u(t)}{4l/3 - aml\beta^2} \tag{13.20b}$$

其中 $\beta = \cos(88^o)$。因此 T-S 模糊系統就如以下

規則 1：若 $x_1(t)$ 是 0，則 $\dot{x}(t) = A_1 x(t) + B_1 u(t)$

規則 2：若 $x_1(t)$ 是 $\pm\dfrac{\pi}{2}$，$(|x_1| < {\pi}/{2})$，則 $\dot{x} = A_2 x(t) + B_2 u(t)$

其中

$$A_1 = \begin{bmatrix} 0 & 1 \\ \dfrac{g}{4l/3 - aml} & 0 \end{bmatrix}, \qquad B_1 = \begin{bmatrix} 0 \\ -\dfrac{a}{4l/3 - aml} \end{bmatrix}$$

$$A_2 = \begin{bmatrix} 0 & 1 \\ \dfrac{2g}{\pi(4l/3 - aml\,\beta^2)} & 0 \end{bmatrix}, \qquad B_2 = \begin{bmatrix} 0 \\ \dfrac{a\beta}{4l/3 - aml\,\beta^2} \end{bmatrix}$$

其中前件部的 0 與 $\pm\dfrac{\pi}{2}$ 是模糊集合如圖 13.4 所示。

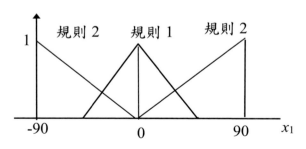

圖 13.4　前件部模糊集合

13.4 T-S 模糊離散系統之穩定性

第 11 章中我們探討過線性系統中的模糊控制器設計，主

要是系統中的受控體工場(plant)是線性的，且矩陣 A 是穩定的。若是受控體工場本身是不穩定的，或甚至是非線性系統，那應該如何設計模糊控制器呢？基本上 T-S 模糊系統是一個非線性系統，考慮一個 T-S 模糊離散系統，共有 ℓ 條規則組成，其中第 R^i 條規則如下表示

$$R^i: 若\, x(k) \,是\, D_1^{\,i}, \,且\, x(k-1) \,是\, D_2^{\,i}, \,且..., \,且\, x(k-n+1) \,是\, D_n^{\,i},$$
$$則\, x(k+1) = a_1^{\,i}x(k) + \cdots\cdots\cdots + a_n^{\,i}x(k-n+1)$$

其中 $i = 1, 2, ..., \ell$，$D_j^{\,i}$ 是模糊集合，$a_j^{\,i}$ 是常係數，$x(k)$ 是一個純量狀態參數。我們可把 R^i 規則之後件部，寫成一個矩陣形式

$$X(k+1) = A_i X(k), \qquad\qquad (13.21)$$

其中

$$X(k+1) = \begin{bmatrix} x(k+1), & x(k), & ..... & , x(k-n+2) \end{bmatrix}^T,$$
$$X(k) = \begin{bmatrix} x(k), & x(k-1), & ..... & , x(k-n+1) \end{bmatrix}^T,$$

$$A_i = \begin{bmatrix} a_1^{\,i} & a_2^{\,i} & \cdots & a_{n-1}^{\,i} & a_n^{\,i} \\ 1 & 0 & \cdots & 0 & 0 \\ 0 & 1 & \cdots & 0 & 0 \\ \vdots & \vdots & & \vdots & \vdots \\ 0 & 0 & \cdots & 1 & 0 \end{bmatrix}.$$

最後此模糊規則庫之輸出經解模糊化(9.2)出來後是

$$X(k+1) = \sum_{i=1}^{\ell} \omega_i A_i X(k) \Big/ \sum_{i=1}^{\ell} \omega_i \qquad (13.22)$$

其中 ω_i 是第 R^i 條規則之適合度(見第十章)，可從下式計算而來

$$\omega_i = \min_j (D_j^i(x)). \qquad (13.23)$$

根據定理 13.2，我們可以提出下列定理來討論(13.22)之穩定性。

定理 13.3[19]：若存在有一個共同之正矩陣 P 使得

$$A_i^T P A_i - P < 0, \quad i = 1, 2, ..., \ell 。 \qquad (13.24)$$

則模糊系統(13.22)之平衡點 $X(k)=0$ 是全面性漸近穩定。

　　　　　　　　　　　　　　　　　　　　　　　□

簡略證明:令一個正定函數為 $V(X(k)) = X^T(k) P X(k) > 0$，其中 $P>0$ 是一個正定矩陣，很明顯的定理 13.2 之(a)、(b)、(c)均滿足，剩下的工作則是"$\Delta V(X(k))$ 是否小於 0"？因為

$$\Delta V(X(k)) \underset{=}{\Delta} V(X(k+1)) - V(X(k)) = X^T(k+1)PX(k+1) - X^T(k)PX(k)$$

$$= \left(\sum_{i=1}^{\ell}\omega_i A_i X(k) \middle/ \sum_{i=1}^{\ell}\omega_i\right)^T P\left(\sum_{i=1}^{\ell}\omega_i A_i X(k) \middle/ \sum_{i=1}^{\ell}\omega_i\right) - X^T(k)PX(k)$$

$$= X^T(k)\left(\sum_{i=1}^{\ell}\omega_i A_i \middle/ \sum_{i=1}^{\ell}\omega_i\right)^T P\left(\sum_{i=1}^{\ell}\omega_i A_i \middle/ \sum_{i=1}^{\ell}\omega_i\right) X(k) - X^T(k)PX(k)$$

$$= \sum_{i=1}^{\ell}\sum_{j=1}^{\ell}\omega_i\omega_j X^T(k)(A_i^T PA_j - P)X(k) \middle/ \sum_{i=1}^{\ell}\sum_{j=1}^{\ell}\omega_i\omega_j$$

$$= \left[\sum_{i=1}^{\ell}\omega_i^2 X^T(k)(A_i^T PA_i - P)X(k)\right.$$

$$\left. + \sum_{i=1}^{\ell}\sum_{j<i}^{\ell}\omega_i\omega_j X^T(k)(A_i^T PA_j + A_j^T PA_i - 2P)X(k)\right] \middle/ \sum_{i=1}^{\ell}\sum_{j=1}^{\ell}\omega_i\omega_j .$$

注意：每一個 ω_i 均為非負值，且 $\sum_{i=1}^{\ell}\omega_i > 0$，上式中

$A_i^T PA_j + A_j^T PA_i - 2P$ 可改寫如下

$$A_i^T PA_j + A_j^T PA_i - 2P$$

$$= -(A_i - A_j)^T P(A_i - A_j) + A_i^T PA_i + A_j^T PA_j - 2P$$

$$= -(A_i - A_j)^T P(A_i - A_j) + (A_i^T PA_i - P) + (A_j^T PA_j - P) \qquad (13.25)$$

所以若 (13.24) 式成立，則 (13.25)<0，則 $\Delta V(X(k)) < 0$，從定理 13.2 可知，本定理得證。　　　　　　　　　　　　　　　　　　#

　　也許讀者會問，是不是每一條規則之 A_i 為穩定的(即 A_i 的特徵值在單位圓內)，則 (13.22) 之系統就會穩定呢？答案是：不一定。因為即使所有 A_i 是穩定的，但不一定存在一個共同

P 使(13.24)成立。值得注意的是定理 13.3 只是一個充分條件 (非充分且必要)，若不存在一個 P 使得(13.24)式成立，系統並不一定是不穩定的。我們可由下面例子中看出

例 13.3[19]：若　　$A_1 = \begin{bmatrix} 1 & -0.5 \\ 1 & 0 \end{bmatrix}$,　　$A_2 = \begin{bmatrix} -1 & -0.5 \\ 1 & 0 \end{bmatrix}$,　　則

$$A_1^T PA_1 - P = \begin{bmatrix} 2p_2 + p_3 & -0.5p_1 - 1.5p_2 \\ -0.5p_1 - 1.5p_2 & 0.25p_1 - p_3 \end{bmatrix} \tag{13.26a}$$

$$A_2^T PA_2 - P = \begin{bmatrix} -2p_2 + p_3 & 0.5p_1 - 1.5p_2 \\ 0.5p_1 - 1.5p_2 & 0.25p_1 - p_3 \end{bmatrix} \tag{13.26b}$$

以上 A_1 及 A_2 矩陣的特徵值都在單位圓內，也就是說它們是穩定矩陣，但是我們卻找不到一個共同的正定 $P = \begin{bmatrix} p_1 & p_2 \\ p_2 & p_3 \end{bmatrix}$，使 (13.26a)及(13.26b)都成負定。再由[19]之例 4.1 之模擬圖也可看出 A_1 及 A_2 組成之模糊系統是不穩定的。讀者也許會再問：若是定理 13.3 成立了，是不是每一條規則中之 A_i 必然是穩定矩陣？答案是：對的。

　　最後讓我總結一下：每一 A_i 穩定並不一定保證有共同 P 使(13.24)成立，也就是 T-S 模糊系統是不一定穩定的。反過來說，若要(13.24)成立且存在有正定 P，A_i 必須要穩定的。讀者會不會覺得上面那幾句話，已把你搞得昏頭轉向？總歸一句話

"所有規則中的 A_i 穩定**"而且"**共同 P 存在滿足(13.24)"

$$\Longrightarrow \quad (13.22) 之平衡點全面漸進穩定。$$

　　讀者可能又有另一個問題：當此模糊系統是不穩定的，是否可設計另一個模糊控制器來穩定它？答案是肯定的。就如一般控制系統的設計，我們當然可以設計一個控制器來控制原工場(plant)，使閉迴路系統是穩定的，我們以下例來說明。

例 13.4：一個模糊系統之工場由兩條規則組成

R^1: 若 $x(k)$ 是 D_1 ，且 $u(k)$ 是 B_1 ，則 $x(k+1) = a_1 x(k) + b_1 u(k)$

R^2: 若 $x(k)$ 是 D_2 ，且 $u(k)$ 是 B_2 ，則 $x(k+1) = a_2 x(k) + b_2 u(k)$

我們再設計兩條模糊控制器

C^1: 若 $x(k)$ 是 D_1 ，且 $u(k)$ 是 B_1 ，則 $u(k) = -f_1 x(k)$

C^2: 若 $x(k)$ 是 D_2 ，且 $u(k)$ 是 B_2 ，則 $u(k) = -f_2 x(k)$

其實你可以發現 R^i 及 C^i 之前件部是一樣的，但是後件部就不同了。工場與控制器結合後，因為模糊集合往往有重疊部份，輸入 $x(k)$（及 $u(k)$）非常可能觸發前件部模糊集合 D_1（及 B_1）也同時觸發了 D_2（及 B_2），換句話說 C^1 除了控制 R^1 之外，也可能影響了 R^2。同理 C^2 除了控制 R^2 之外，也可能影響了 R^1。因此把工場及控制器合併起來，可產生如下的藕合現象

S^{11}：

若 $x(k)$ 是 D_1 且 u 是 B_1，則 $x(k+1) = F^{11}x(k)$，（其中 $F^{11} = a_1 - b_1 f_1$）

S^{12}：若 $x(k)$ 是 $(D_1$ 及 $D_2)$ 且 u 是 $(B_1$ 及 $B_2)$，

則 $x(k+1) = F^{12}x(k)$，（其中 $F^{11} = a_1 - b_1 f_2$）

S^{21}：若 $x(k)$ 是 $(D_2$ 及 $D_1)$ 且 u 是 $(B_2$ 及 $B_1)$，

則 $x(k+1) = F^{21}x(k)$，（其中 $F^{21} = a_2 - b_2 f_1$）

S^{22}：

若 $x(k)$ 是 D_2 且 u 是 B_2，則 $x(k+1) = F^{22}x(k)$，（其中 $F^{22} = a_2 - b_2 f_2$）

這邊要解釋一下，其實 S^{12} 與 S^{21} 條規則之前件部是一樣的，但後件部卻不同，這並不是故意違反第八章所謂的"一致性"，因為這種情況發生是因為工場與控制器的合併造成的。所以每次輸入觸發規則 S^{12} 一定也會觸發 S^{21}，另外前件部(D_1 及 D_2)表示兩個模糊集合取交集。以上任一 S^{ij} 可以表成如下形式

$$x(k+1) = F^{ij}x(k), \quad i,j = 1,2. \qquad (13.27)$$

注意：上式應有四個方程式，但每個是純量型式，並非矩陣型式，因例 13.4 的規則後件部只是一階而已，所以我們在 (13.27)式中也只用小寫 x，而不是大寫 X。

我們可探討此合併閉迴路系統，把(13.27)看成(13.21)，則根

據定理 13.3 之(13.24)變成

$$F^{ijT}PF^{ij} - P < 0, \ i=1,2; \ j=1,2. \tag{13.28}$$

若存在有共同 P 使(13.28)成立,則閉迴路系統(S^{ij} 組成)的平衡點為穩定的。

　　另外值得一提的是檢查(13.28)之前,我們必須先讓每一 F^{ij} 穩定,亦即先找出適合之 f_1 及 f_2,使 F^{11}、F^{12} 及 F^{22} 之絕對值小於 1,再讓 (13.28)有共同之正定矩陣 P。(再強調一次(13.28)成立的前提是每一個 F^{ij} 必須是穩定的,而每個 F^{ij} 穩定並不保證(13.28) 有共同之 P,所以我們必須兩件事都要顧到,即先保證每個 F^{ij} 是穩定的,再找到共同的 P 滿足(13.28))。

　　另外再必須一提的是如上例所示,受控工場與控制器的模糊規則數目一樣,且前件部也一樣,合併後的閉迴路系統(如例 13.4),因耦合關係,模糊規則數將變成原本工場規則數的平方個,因此要找共同正定矩陣 P 來滿足多個(13.28)式當然比滿足(13.24)式加倍難了。這種問題可以藉助"線性矩陣不等式(linear matrix inequalities, LMI)" 的軟體工具來求解 P 及 f_i,這又比較深入了,在此不詳述,有興趣的讀者可參考文獻 [46]。還有這種工場與控制器的模糊規則有一對一的關係,因此有文獻 [20] 稱此模糊控制器為"平行分佈補償器(parallel distributed compensation, PDC)"。我們再舉[19]的例 5.1 來說明。

例 13.5:某模糊工場由以下兩條規則表示

R^1: 若 $x(k)$ 是 D_1，則 $x(k+1) = 2.178x(k) - 0.588x(k-1) + 0.603u(k)$

R^2: 若 $x(k)$ 是 D_2，則 $x(k+1) = 2.256x(k) - 0.361x(k-1) + 1.120u(k)$

而模糊控制器為只有一條模糊規則

C^1: 若 $x(k)$ 是任何值，則 $u(k) = -f \cdot x(k)$

我們得到閉迴路系統如下：

S^1： 若 $x(k)$ 是 D_1，

則 $x(k+1) = (2.178 - 0.603f)x(k) - 0.588x(k-1)$

S^2： 若 $x(k)$ 是 D_2，

則 $x(k+1) = (2.256 - 1.120f)x(k) - 0.361x(k-1)$

現在的目的是求適合的 f，使得閉迴路模糊系統是穩定的。首先要先讓 S^1 及 S^2 之後件部表示如下矩陣形式

$$X(k+1) = F^1 X(k) = \begin{bmatrix} 2.178 - 0.603f & -0.588 \\ 1 & 0 \end{bmatrix} X(k) \qquad (13.29a)$$

$$X(k+1) = F^2 X(k) = \begin{bmatrix} 2.256 - 1.120f & -0.361 \\ 1 & 0 \end{bmatrix} X(k) \qquad (13.29b)$$

其中 $X(k+1) = [x(k+1), \ x(k)]^T$， $X(k) = [x(k), \ x(k-1)]^T$.

依照前面討論，我們要先設計 f 之範圍讓 F^1 及 F^2 穩定，依照特徵值的計算，F^1 穩定的條件為 $0.980 < f < 6.25$，而 F^2 穩定的條件則是 $0.8 < f < 3.23$，兩個範圍取交集，得到 $0.98 < f < 3.23$。假設我們取 $f = 1.12$，再來找一個共同 P 來滿足 (13.28)，P 可求得如

$$P = \begin{bmatrix} 2 & -1.3 \\ -1.3 & 1 \end{bmatrix}$$

如此可知當 $f = 1.12$ 時，整個閉迴路系統是穩定的。其他詳細推導可參考 [19]。

13.5 T-S 模糊連續系統之穩定性

我們再把上節的觀念延伸到連續模糊系統，仍以 Takagi-Sugeno 模糊模式來討論。考慮一個模糊連續系統的模糊規則如下：

$$R^i: \text{若 } x_1(t) \text{ 是 } D_1^{\,i} \text{, 且..., 且若 } x_n(t) \text{ 是 } D_n^{\,i}, \quad \text{則 } \dot{X}(t) = A_i X(t),$$

其中 $i = 1, 2, \cdots, \ell$，$X(t) = \begin{bmatrix} x_1(t) & x_2(t) & \cdots & , x_n(t) \end{bmatrix}$，這個模糊系統的最後解模糊化之輸出是

$$\dot{X}(t) = \frac{\sum\limits_{i=1}^{\ell} \omega_i A_i X(t)}{\sum\limits_{i=1}^{\ell} \omega_i} \tag{13.30}$$

ω_i 同 (13.23) 而來。我們選一個純量函數 $V(t) \underline{\underline{\Delta}} X^T(t) P X(t)$，根據定理 13.1，及類似定理 13.3 之證明，我們可以推導出下面的定理。

定理 13.4[20]：若存在有一個共同之正定矩陣 P 使得 (13.31) 式成立，則 (13.30) 之平衡點全面性漸近穩定

$$A_i^T P + P A_i < 0, \quad i = 1, 2, \ldots, \ell \tag{13.31}$$

$\square$

備註：同樣的，(13.31) 要滿足之先決條件是每個 A_i 要穩定的，但每個 A_i 穩定並不表示一定有共同的 P 滿足 (13.31)，另外若找不到 P 使 (13.31) 成立，並不一定 (13.30) 之平衡點不穩定，因定理 13.4 也只是充分條件。若要考慮模糊控制器的設計，我們仍以前一節的例子來說明

例 13.6：原模糊系統 (受控工場) 之工場由兩條規則組成

$$R^1: \text{若 } x(t) \text{ 是 } D_1 \text{ 且 } u(t) \text{ 是 } B_1 \text{，則 } \dot{x}(t) = A_1 x(t) + B_1 u(t)$$
$$R^2: \text{若 } x(t) \text{ 是 } D_2 \text{ 且 } u(t) \text{ 是 } B_2 \text{，則 } \dot{x}(t) = A_2 x(t) + B_2 u(t)$$

模糊控制器如下：

$$C^1: \text{若 } x(t) \text{ 是 } D_1 \text{ 且 } u(t) \text{ 是 } B_1 \text{，則 } u(t) = F_1 x(t)$$
$$C^2: \text{若 } x(t) \text{ 是 } D_2 \text{ 且 } u(t) \text{ 是 } B_2 \text{，則 } u(t) = F_2 x(t)$$

合併受控工場與控制器,可得閉迴路模糊系統如

S^{11}: 若 $x(t)$ 是 D_1 且 $u(t)$ 是 B_1 ,

則 $\dot{x}(t) = F^{11}x(t)$, (其中 $F^{11} = A_1 - B_1F_1$)

S^{12}: 若 $x(k)$ 是 (D_1 及 D_2) 且 $u(t)$ 是 (B_1 及 B_2),

則 $\dot{x}(t) = F^{12}x(t)$ (其中 $F^{12} = A_1 - B_1F_2$)

S^{21}: 若 $x(k)$ 是 (D_1 及 D_2) 且 $u(t)$ 是 (B_1 及 B_2) ,

則 $\dot{x}(t) = F^{21}x(t)$, (其中 $F^{21} = A_2 - B_2F_1$)

S^{22}: 若 $x(t)$ 是 D_2 且 $u(t)$ 是 B_2 , 則 $\dot{x}(t) = F^{22}x(t)$, (其中 $F^{22} = A_2 - B_2F_2$)

F_1 及 F_2 之選擇是要讓 F^{11}, F^{21} 及 F^{22} 均穩定,(亦即 F^{11}、F^{21} 及 F^{22} 之特徵值均在複數左半平面),再找是否有共同的正定矩陣 P 使

$$F^{ij^T}P + PF^{ij} < 0, \quad i, j = 1, 2.$$

若上式成立,則找到的 F_1 及 F_2 是可以穩定整個閉迴路模糊系統。

　　模糊系統穩定探討的文獻多如牛毛,讀者若有興趣可以從 [19]、[20] 起頭,然後再慢慢深入去找近年的相關文獻仔細研讀,很有趣的。筆者就在這一主題裡發表了不少文章在國際期刊上。

13.6 本章結論

　　T-S 模糊系統的建立，使得模糊系統有個數學模式，對於模糊系統的穩定性分析很重要，本章中介紹了如何把一個非線性系統轉換成 T-S 模糊模式系統的方法，因此許多控制系統的數學定理才可被應用上來分析 T-S 模糊系統的控制性能。這種系統"含有" 線性動態方程式之表示式如 (13.21)，(13.22) (去除 ω_i 的話) 及 (13.30) (去除 ω_i 的話) 等，所以可以用 (13.24) 及 (13.31) 之數學式來判定其平衡點穩定性。必須在此提醒讀者，(13.22) 及 (13.30) 中之系統均為非線性系統，無法以矩陣之特徵值來作判定穩定的條件。原因是：因 ω_i 是狀態 $x(k)$ 或 $x(t)$ 的函數，所以我們才需要李亞普諾夫定理啊！

　　讀者有沒有注意到，不管定理 13.3 或定理 13.4，要找到滿足的共同 P 是一個很困難的工作，尤其是規則數目多的時候，這是目前很多學者還在努力解決的問題 (目前可用的方法為 "線性矩陣不等式" (LMI)[46]，但仍不是百分之百可以解決)。另外一般在模糊控制的應用上，大部分的應用者均未探討其系統穩定性，這乃因傳統模糊系統模式均只是如 " x_1 是 A_1， x_2 是 A_2⋯， u 是 F_1" 這種形式 (所謂曼達尼模式)，$A_1 , A_2 , \cdots ,$ 及 F_1 均為模糊集合，因此完全沒有數學模式可來探討系統穩定性，但若設計者依照經驗、技術，以第十章之方法設計的系統若實驗上可以成功工作，讓使用者滿意，則系統必然是穩定的，不用擔心。但只是欠缺數學嚴謹的證明罷了，但使用者只要好用就滿足了，他們才不會在乎數學證明呢！

　　最後總結一下本章的重點：首先探討如何建立 T-S 模糊系統，針對 T-S 模糊系統，本章分別提出了二種穩定條件，定理 13.3 及定理 13.4，並提出相對模糊控制器設計法則。但可以肯定的是，當模糊規則數目多的時候(ℓ 很大時) 要找一個共同的 P 使(13.24)或(13.31)滿足，LMS 是一個解決方法，但不保證一定找得到解，這個麻煩到現在仍是學者們努力研究企盼破解的問題呢！

習題

13.1. 請詳讀參考文獻[19]、[20]。

13.2. 若 $A_1 = \begin{bmatrix} 0.906 & -0.302 \\ 0 & 0 \end{bmatrix}$, $A_2 = \begin{bmatrix} 0.672 & -0.193 \\ 1 & 0 \end{bmatrix}$，是不是有共同之 P 使(13.24)成立，若有，請求出。

13.3. 若 $A_1 = \begin{bmatrix} -2 & 1 \\ -1 & 1 \end{bmatrix}$, $A_2 = \begin{bmatrix} 1 & -1 \\ 4 & -3 \end{bmatrix}$，是不是有共同之 P 使(13.31)成立，若有，請求出。

13.4. 利用扇形非線性法去建立例 13.2 之 T-S 模糊系統。

第 十 四 章

模 糊 分 群

14.1 簡介

　　前面十章，可以說把模糊基本理論、邏輯及模糊控制告一段落。從這一章開始，我們將介紹模糊理論或邏輯的一些應用。本章就是談到資料分群的應用。

　　人類智慧中有一項相當重要之能力－圖形識別(pattern recognition)的能力。一般而言，"圖形識別"中有一項很基本且重要之工作，即是搜尋資料結構特性並加以分類(classification)。所謂"分類"即是把特徵相關性高者之資料聚集成一"群集(cluster)"之動作。

　　"分群"技術是圖形識別領域中最基本、重要之主題之一，因此本章乃特別獨立出來，探討模糊集合理論在分群技術方面之應用。更具體地說，本章之主要目的為有一組已給的資料 $X = \{x_1, x_2, \cdots, x_n\}$，如何把 X 中之元素作 N 個群集分類，達到同一群集中之元素有其高度之關聯性，但不同群集之元素之間的關聯性則不高。

　　若把每個元素均"嚴格"劃分其屬於某個群集或不屬於某些群集，吾人稱為"硬式分群(hard clustering)"，如國籍、學生屬於哪個學校、國家地理地圖等等，均是有明確證件或界線來硬式分群的。但有些時候，硬式分群之分類太勉強，我們就可用模糊分群法來作分類，如人類血統(可能是混血兒)、研究型或教學型大學、人的個性等等，就很難用硬式分群法強硬區隔某人絕對是台灣人或是中國人，中央大學絕對是研究型大學，或劉先生絕對是個性急躁的人等等。模糊分群的意思就是某一元素屬於某群集之程度為一個屬於 0 至 1 之數值(即模糊集合之歸屬度)，而不是絕對的屬於某個群集，如此分群也許在某些場合較合乎人性些。好了，請讀者準備繼續往下探索本章之內容吧！

14.2 硬式分群之定義

若我們手上有一組資料 $X = \{x_1, x_2, \cdots, x_n\}$，其中 x_k 是任何元素，也許是一個純量或向量 $x_k \in R^m$。若吾人要把 X 內之元素分成 c 個群體 G_i, $i = 1, \cdots, c$，其中 c 是我們事先設定的，使得 $\bigcup_{i=1}^{c} G_i = X$ 及 $G_i \cap G_j = \phi$，(其中 $i \neq j$)，這就是"硬式分群"的定義。此任一個 G_i 可稱為一個群集(cluster)，因此 $\{G_1, \cdots, G_c\}$ 把 X 分成 c 個群集。現在再以歸屬度之觀念來看此"硬式分群"問題，令

$$\mu_{ik} = \begin{cases} 1 & , \ x_k \in G_i \\ 0 & , \ x_k \notin G_i \end{cases} \tag{14.1}$$

也就是當 x_k 屬於 G_i 集合，令 $\mu_{ik} = 1$；否則 $\mu_{ik} = 0$。此 μ_{ik} 可讓我們分辨哪些元素 x_k 屬於哪些群集 G_i，所以硬式分群中 μ_{ik} 應該滿足下列三個條件

(i)　　$\mu_{ik} \in \{0,\ 1\}$，$1 \leq i \leq c$ 及 $1 \leq k \leq n$　；　　　　　（14.2a）

(ii)　$\displaystyle\sum_{i=1}^{c} \mu_{ik} = 1$，任 一 個 $k \in \{1, 2, \cdots, n\}$　；　　　　（14.2b）

(iii)　$0 < \displaystyle\sum_{k=1}^{n} \mu_{ik} < n$，任 一 個 $i \in \{1, 2 \cdots, c\}$。　　（14.2c）

(14.2a)及(14.2b)表示任一個 x_k 必然只屬於某一個群集，(14.2c)表示一個群集必然擁有至少一個或至多 n-1 個的元素。為何是至多 n-1 個元素呢？若有一個 G_k 擁有 n 個元素，那就是全部元素屬於 G_k 了，沒有其他群集，也就沒有分群的意義了。滿足(14.2a)～(14.2c)條件的分群，一般被稱為"硬式 c－分群"(hard c-clustering)。我們可以把 μ_{ik} 用矩陣 U 表示，即 $U = [\mu_{ik}]$ 是一個 $c \times n$ 之矩陣。此 U 即可看出 X 內之元素被分成 c 個群集，各元素屬於哪個群集。我們看以下的例子。

例 14.1：X 是三個大學，X={中央大學，中山大學，文化大學}，若 $c=2$ 表示吾人要把 X 內之三個大學分成兩個群集，假設有以下五種分群法 U_i，

$$U_1 = \begin{bmatrix} 1 & 1 & 0 \\ 0 & 0 & 1 \end{bmatrix}, \quad U_2 = \begin{bmatrix} 1 & 0 & 1 \\ 0 & 1 & 0 \end{bmatrix}, \quad U_3 = \begin{bmatrix} 1 & 0 & 0 \\ 0 & 1 & 1 \end{bmatrix}$$

$$U_4 = \begin{bmatrix} 1 & 1 & 0 \\ 1 & 0 & 1 \end{bmatrix}, \quad \text{及} \quad U_5 = \begin{bmatrix} 1 & 1 & 1 \\ 0 & 0 & 0 \end{bmatrix}.$$

依照 (14.2a,b,c) 的定義，其中 U_4 及 U_5 分群法是不合理的，因為它們不滿足 (14.2b) 及 (14.2c) 條件，如 U_4 中，中央大學同時屬於群集 1 及群集 2；U_5 中，三個大學全屬於群集 1，群集 2 內沒有任何大學，那分兩個群集沒意義了。其餘 $U_1 \sim U_3$ 則是合理的，因 (14.2a)~(14.2c) 全部滿足。若吾人把公立大學叫 G_1，私立大學叫 G_2，則 U_1 是適合之分群。若吾人把北部大學稱為 G_1，G_2 為南部大學，則 U_2 是適合的分群。若吾人把在桃園市境內、外大學分別為 G_1 及 G_2，則 U_3 是適合的分群。

14.3 硬式分群之演算法

在一組資料中，如何作一個最佳分群是最常被探討的問題。一般有三種方法去選擇，一為"階級法 (hierarchical method)"，一為"圖樣法 (graph-theoretic method)"，另一為"性能函數法 (objective function method)"。在此我們只拿第三種方法"性能函數法"作

解說。因為此法在分群動作上，可作非常精確具體的描述。最常見的性能函數如下式所示[12]

$$J_h(U,V) = \sum_{i=1}^{c}\left(\sum_{x_k \in G_i}\|x_k - v_i\|^2\right) \qquad (14.3)$$

其中矩陣 $U = [\mu_{ik}]$，$V = (v_1, v_2, \cdots, v_c)$，$v_i$ 為群集 G_i 之中心，

$$v_i = \frac{\displaystyle\sum_{k=1}^{n}\mu_{ik}x_k}{\displaystyle\sum_{k=1}^{n}\mu_{ik}} \qquad (14.4)$$

x_k 為資料中的任一元素。若找到最合適的 U（分群方法）及 V（群集中心），則(14.3)式中之 J_h 將會最小，或說當 J_h 愈小則分群愈好。

　　一堆資料在一個空間中分幾個群集？如何分法最好？是一個很頭痛的問題，因為這些分群方法種類太多太多了。在此，我們不討論分幾個群集最佳，我們只討論分 c 個群集，c 為已知的數值，或說被規定的數值。以下是一個最常用典型的硬式 C－分群演算法，它有一個名稱叫"硬式 C－平均值演算法"(hard C-mean algorithm)。

硬 式 C-平 均 值 演 算 法 [12]：

步 驟 1：已 知 資 料 $X=\{x_1,x_2,\cdots,x_n\}$ 內 每 一 元 素 $x_i \in R^h$。要 分 群 的 群 集 數 c 事 先 設 定 且 滿 足 $2 \le c \le n-1$；隨 意 給 一 個 初 始 值 $U^{(0)}=[\mu_{ik}^{(0)}]$，$i=1,2,...,c$ ；$k=1,2,...,n$；其 中 $\mu_{ik}^{(0)}$ 非 1 即 0。

(說 明：此 步 驟 訂 出 所 有 初 始 條 件)

步 驟 2：計 算 C-平 均 值 向 量，

$$v_i^{(p)} = \frac{\sum_{k=1}^{n} x_k \mu_{ik}^{(p)}}{\sum_{k=1}^{n} \mu_{ik}^{(p)}} \, , \quad 1 \le i \le c \, , \qquad (14.5)$$

上 式 中 上 標 $p=0,1,2,\cdots$，為 每 一 循 環 之 標 示，且 $[\mu_{ik}^{(p)}]=U^{(p)}$。

(說 明：此 步 驟 求 出 每 一 群 集 之 中 心。)

步 驟 3：根 據 以 下 式 子 更 新 $U^{(p)}$ 成 $U^{(p+1)}=[\mu_{ik}^{(p+1)}]$，

$$\mu_{ik}^{(p+1)} = \begin{cases} 1, & \text{若 } \|x_k-v_i^{(p)}\| = \min_{1 \le j \le c}\left(\|x_k-v_j^{(p)}\|\right) \\ 0, & \text{其他} \end{cases} \qquad (14.6)$$

(說明：(14.6)之上式表示若 x_k 確實離自己那一群集中心 $v_i^{(p)}$ 比其他群集中心近，則下一回之 $\mu_{ik}^{(p+1)}$ 不變，仍保持為 1。(14.6)之下式則表示若 x_k 離某一其他群集中心 $v_j^{(p)}$ 比離自己那一群集中心 $v_i^{(p)}$ 還近，則原 $\mu_{ik}^{(p)}=1$ 要改為新的 $\mu_{ik}^{(p+1)}=0$，表示上回分群不正確。)

步驟 4：若 $\left\|U^{(p+1)}-U^{(p)}\right\|<\delta$，$\delta$ 為一預定很小的正數，則停止此演算，否則定 $p=p+1$ 回到步驟 2 繼續作。

(說明：若 $U^{(p+1)}$ 與 $U^{(p)}$ 兩回之分群法十分相似，則分群成功，就停止不再作了。否則分群並未滿意須繼續回步驟 2 再接再屬。)

例 14.2：(本例子乃是由[12]中之 Example 27.2 修改來的)

在圖 14.1 中我們有 15 個點，若我們要分成 2 個群集，也就是 $c=2$。首先我們先隨意預設

$$U^{(0)}=\begin{bmatrix} 1 & 1 & 1 & 1 & 1 & 0 & 0 & 0 & 0 & 0 & 0 & 0 & 0 & 0 & 0 \\ 0 & 0 & 0 & 0 & 0 & 1 & 1 & 1 & 1 & 1 & 1 & 1 & 1 & 1 & 1 \end{bmatrix}$$

照剛才所述之"硬式 $C-$ 平均值分群演算法"步驟，在 $p=4$ 時則可停止，得到

$$U^{(4)} = U^{(5)} = \begin{bmatrix} 1 & 1 & 1 & 1 & 1 & 1 & 1 & 0 & 0 & 0 & 0 & 0 & 0 & 0 & 0 \\ 0 & 0 & 0 & 0 & 0 & 0 & 0 & 1 & 1 & 1 & 1 & 1 & 1 & 1 & 1 \end{bmatrix}$$

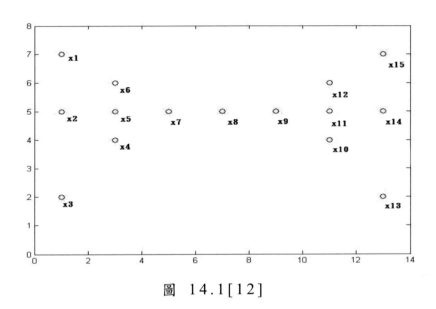

圖 14.1[12]

14.4 模糊 C－平均值演算法

　　然而就如模糊集合歸屬度的觀念，有些時候某個元素並不全然可肯定其"完全"屬於某個群集，如例 14.1 中，若 G_1 為研究型大學，G_2 為教學型大學，則可能 $\mu_{11} = 0.6$, $\mu_{21} = 0.4$（即中央大學 60% 歸屬於研究型大學，40% 歸屬於教學型大學）；$\mu_{12} = 0.5$，$\mu_{22} = 0.5$，$\mu_{13} = 0.1$，$\mu_{23} = 0.9$。（此例純為作者隨意舉例，無任何公信力，請讀者勿見怪！），因此 μ_{ik} 允許在 $0 \leq \mu_{ik} \leq 1$ 之範圍內是可接受的。

另外再舉一個例子，有一組資料 X，內有 25 個不同元素，若要分成 10 個群集，則約有 10^{18} 種分群方法 [12]，若用硬式分群定義，如此多個分群方法很難去尋找何種分群方法是最佳的。若 μ_{ik} 之值不是只有 0 或 1 兩種，而可能是 [0,1] 區間中任一值，則因為 μ_{ik} 是連續值，可以對某個性能函數 f 作 μ_{ik} 之微分，而求得最佳分群方法。基於以上兩個理由，一種有別於"硬式 $c-$ 分群"的"模糊 $c-$ 分群"就應運而生了。換句話說，$0 \le \mu_{ik} \le 1$，$1 \le i \le c$，$1 \le k \le n$。且 (14.2b) 式子也滿足的分群叫作"模糊 $c-$ 分群"，其中 c 是群集數目，n 為元素數目。在模糊 $c-$ 分群中 μ_{ik} 可視為元素 x_k 在群集 A_i 中之歸屬度。再回頭看前面三個大學分類的例子，群集 G_1 為研究型大學，群集 G_2 為教學型大學，則

$$U_6 = \begin{bmatrix} 0.6 & 0.5 & 0.1 \\ 0.4 & 0.5 & 0.9 \end{bmatrix}$$

就很可以接受了。

類似於硬式 $C-$ 平均值演算法，我們也定義一個"模糊 $C-$ 平均值演算法"，其中也有其性能函數，如下式所示

$$J_f(U,V) = \sum_{i=1}^{c} \sum_{k=1}^{n} (\mu_{ik})^m \left\| x_k - v_i \right\|^2 \qquad (14.7)$$

吾人的目的為找 $U=[\mu_{ik}]$（分群方法），及 $V=(v_1,v_2,\cdots,v_c)$（群集中心），使得 (14.7) 式最小。若群集中心 v_i 位置調整對了，x_k 也被歸入到正確的群集中，則 $J_f(U,V)$ 應該最小。在 (14.7) 中 $m \in (1,\infty)$ 是一個權重常數。在介紹此演算法之前，有一個定理必須先交代。

定理 14.1 [12]：若有一組資料 $X=\{x_1,x_2,\cdots,x_n\}$，$x_i \in R^p$，且群集數 c 已設定 $c \in \{2,\ 3,\cdots,n-1\}$，又 $m \in (1,\infty)$。現在若 $U=[\mu_{ik}]$ 及群集中心 $V=(v_1,v_2,\cdots,v_c)$ 使 $J_f(U,V)$ 為局部最小（分類最好），假設 $\|x_k-v_i\| \neq 0$，其中 $1 \leq k \leq n$，$1 \leq i \leq c$，則

$$\mu_{ik} = \left[\sum_{j=1}^{c} \left(\frac{\|x_k-v_i\|}{\|x_k-v_j\|} \right)^{\frac{2}{m-1}} \right]^{-1}，\quad 1 \leq i \leq c，\quad 1 \leq k \leq n \qquad (14.8)$$

及

$$v_i = \frac{\sum_{k=1}^{n} (\mu_{ik})^m x_k}{\sum_{k=1}^{n} (\mu_{ik})^m}，\quad 1 \leq i \leq c \qquad (14.9)$$

$\square$

証明：請見 [12] 之第 348~349 頁。

備註：定理 14.1 表示 當模糊分群最佳時，$U=[\mu_{ik}]$ 與 $V=(v_1,v_2,\cdots,v_c)$ 之最適合值分別為 (14.8) 與 (14.9)。

有 了 以 上 定 理 ， 則 模 糊 $C-$ 平 均 值 演 算 法 之 步 驟 如 下 列 所 述 ：

模 糊 $C-$ 平 均 值 演 算 法 ：

步 驟 1 ： X ， c ， m 如 定 理 14.1 所 述 ， 初 始 U^0 任 意 給 之 。

步 驟 2 ： 計 算 群 集 中 心 向 量

$$v_i^{(p)} = \frac{\sum_{k=1}^{n} (\mu_{ik}^{(p)})^m x_k}{\sum_{k=1}^{n} (\mu_{ik}^{(p)})^m} \quad , \quad 1 \le i \le c \qquad (14.10)$$

上 式 中 $p=1, 2,\ldots$ 為 每 一 個 循 環 之 標 示 ， 且 $[\mu_{ik}^{(p)}]=U^{(p)}$ 。

步 驟 3 ： 根 據

$$\mu_{ik}^{(p+1)} = \left[\sum_{j=1}^{c} \left(\frac{\left\| x_k - v_i^{(p)} \right\|}{\left\| x_k - v_j^{(p)} \right\|} \right)^{\frac{2}{m-1}} \right]^{-1} \qquad (14.11)$$

更 新 $U^{(p)}$ 成 $U^{(p+1)} = [\mu_{ik}^{(p+1)}]$ 。

步 驟 4 ： 若 $\left\| U^{(p+1)} - U^{(p)} \right\| < \delta$ ， δ 為 設 計 者 設 定 的 足 夠 小 的 數 ， 則 停 止 演 算 。 否 則 定 $p=p+1$ 回 到 步 驟 2 ， 繼 續

作。

讀者應可發現以上模糊 $C-$ 平均值演算法與硬式 $C-$平均值演算法大同小異，有以下之對照關係：

$$(14.5) \Leftrightarrow (14.10) ; 及 (14.6) \Leftrightarrow (14.11)$$

我們再找一個例子來說明模糊 $C-$ 平均值演算法之分群效果。

例 14.3[12]：如圖 14.1 之 x_i 之分佈，若預設群集數為 2，

假設 $m=1.25$， $\delta=0.01$，初始

$$U^{(0)} = \begin{bmatrix} 0.854 & 0.854 & 0.854 & \cdots\cdots & 0.854 \\ 0.146 & 0.146 & 0.146 & \cdots\cdots & 0.146 \end{bmatrix}$$

則經過模糊 $C-$ 平均值演算法運算後，當 $p=5$ 時，群集分類完成，且 $U^{(p=5)}$ 如下：

$$U^{(5)} = \begin{bmatrix} 0.99 & 1 & 0.99 & 1 & 1 & 1 & 0.99 & 0.47 & 0.01 & 0 & 0 & 0 & 0.01 & 0 & 0.01 \\ 0.01 & 0 & 0.01 & 0 & 0 & 0 & 0.01 & 0.53 & 0.99 & 1 & 1 & 1 & 0.99 & 1 & 0.99 \end{bmatrix}$$

也許讀者會擔心模糊 $C-$ 平均值演算法是否會收斂？也就是說 (14.11) 找到之 $\mu_{ik}^{(p)}$ (或 $U^{(p)}$) 是否如步驟 4 所言會有 $\left\| U^{(p+1)} - U^{(p)} \right\|$ 愈來愈小的趨勢？這個答案是肯定

的，但証明非常複雜，已超出本書之範圍，若讀者仍要一探究竟，可以參考 [12] 之第 27 章第 4 小節。

14.5 本章總結

　　本章主要介紹了二種分群演算法，1).硬式 $C-$平均值演算法(屬於硬式分群法之一)及 2).模糊 $C-$平均值演算法(屬於模糊分群法之一)，演算法的各步驟也已提出。兩種演算法主要是把資料分成設計者所規定的群集數 c，找出各群集的中心及各資料屬於所屬群集的歸屬度。此兩種演算法在分類的應用上非常廣泛，尤其在物種分類，影像辨識上常常被使用。值得提醒讀者的是，被分群的資料不見得是位置座標訊息 (x, y, z)，也許是資料的特徵，如例 14.3 中，每一點的 x 座標也許是花的萼長，y 座標是花瓣的片數，則可以把花以萼長與花瓣的片數來做參數而分類。因此在對一群物件做分類時，必須先建立物件的特徵，以向量方式表示，然後再照本章步驟去分群之。

習 題

14.1. 本章例 14.3 中，若令 $c=2$, $m=1.25$, $\delta=0.01$，且初始 U 矩陣為

$$U^{(0)} = \begin{bmatrix} \overbrace{0.7 \quad 0.7 \quad 0.7 \quad \cdots \quad 07}^{8} & \overbrace{0.3 \quad 0.3 \quad \cdots \quad 0.3}^{7} \\ 0.3 \quad 0.3 \quad 0.3 \quad \cdots \quad 0.3 & 0.7 \quad 0.7 \quad \cdots \quad 0.7 \end{bmatrix}$$

若用模糊 $C-$平均值分群演算法會分成怎樣的 U 呢？

14.2. 本章例 14.3 中，若令 $c=3$, $m=1$, $\delta=0.05$，且初始 U 矩陣為

$$U^{(0)} = \begin{bmatrix} 0.4 & 0.4 & 0.4 & 0.4 & 0.4 & 0.4 & 0.4 & 0.4 & 0.6 & 0.6 & 0.6 & 0.6 & 0.6 & 0.6 & 0.6 \\ 0.3 & 0.3 & 0.3 & 0.3 & 0.3 & 0.3 & 0.3 & 0.3 & 0.7 & 0.7 & 0.7 & 0.7 & 0.7 & 0.7 & 0.7 \\ 0.2 & 0.2 & 0.2 & 0.2 & 0.2 & 0.2 & 0.2 & 0.2 & 0.8 & 0.8 & 0.8 & 0.8 & 0.8 & 0.8 & 0.8 \end{bmatrix}$$

若用模糊 $C-$平均值分群演算法會分成怎樣的 U 呢？

14.3. 何謂硬式 $c-$分群法？與模糊 $c-$分群法有何區別？

14.4. 試証明（14.7）式中之 J_h 會隨著 c 之增加而單調遞減。這又代表什麼數學意義呢？

第 十 五 章

模 糊 決 策

15.1 前言

　　"做決定"是日常生活中常常必須做的一件事，我們總是希望所做的決定是最佳的。模糊理論也可以用在決策的制定上，本章將提出多種利用模糊理論做決策的方法。首先介紹個人決策法，接著將介紹多人決策法，最後將介紹多條件下的決策方法，而且均以舉例說明的形式來說明，使讀者更容易瞭解。

15.2 個人決策法

　　利用模糊理論來做個人決策首先是由 Bellman and Zadeh [55]提出的，所謂"個人"即是由一個人本身做決定的。假設集合 $A = \{a_i, i = 1, 2, ..., n\}$ 是所有可能的選擇所成的集合，$G = \{g_i, i = 1, 2, ..., m\}$ 是可完成的所有目標所成的集合，$C = \{c_i, i = 1, 2, ..., \ell\}$ 是做決定必須滿足的條件所成的集合。更詳細而言，$g_i(a_j)$ 表示選擇 a_j 所能達成的目標 g_i，$c_i(a_j)$ 表示選擇 a_j 的條件 c_i。現在有一個模糊集合 $\hat{G}_i(g_i(a_j))$ 表示決策者對 $g_i(a_j)$ 的滿意程度，$\hat{C}_i(c_i(a_j))$ 則表示決策者對 $c_i(a_j)$ 的條件喜歡程度。因此若選擇了 a_j，可以得到"模糊決策"如下式[55]

$$D(a_j) = \min\{\min_i \hat{G}_i(g_i(a_j)), \min_i \hat{C}_i(c_i(a_j))\}, \tag{15.1}$$

最佳的選擇 $a*$ 來自於最大 D 值，如下式

$$Arg(\max_j D(a_j)) = a*. \tag{15.2}$$

以下舉一個例子說明，個人決策法的運作。

例 15.1: 有四種職業 $a_1, a_2, a_3,$ 及 a_4 讓王先生來選擇，因此 $A = \{a_1, a_2, a_3, a_4\}$，王先生所希望的職業是高薪、紅利多、有興趣、離家近，目標集合 G 含有高薪 g_1 及紅利高 g_2。 條件集合為 C 含有有興趣 c_1，及離家近 c_2。 假設 $g_1(a_1) = \$1000$, $g_1(a_2) = \$1500$, $g_1(a_3) = \$2000$, 及 $g_1(a_4) = \$2500$; 且 $g_2(a_1) = \$20000$, $g_2(a_2) = \$18000$, $g_2(a_3) = \$25000$, 及 $g_2(a_4) = \$18000$。 其模糊集合 $\hat{G}_1(g_1(a_j))$ 及 $\hat{G}_2(g_2(a_j))$ 分別為

$$\hat{G}_1 = \frac{0.2}{a_1} + \frac{0.4}{a_2} + \frac{0.6}{a_3} + \frac{0.8}{a_4}, \tag{15.3a}$$

及

$$\hat{G}_2 = \frac{0.5}{a_1} + \frac{0.4}{a_2} + \frac{0.9}{a_3} + \frac{0.4}{a_4} \tag{15.3b}$$

上式表示王先生在薪水方面，對於 a_4 滿意程度最高 0.8；但是在紅利方面對 a_3 滿意程度最高 0.9。另外下面的模糊集合

$$\hat{C}_1 = \frac{0.4}{a_1} + \frac{0.6}{a_2} + \frac{0.8}{a_3} + \frac{0.2}{a_4}. \tag{15.4}$$

表示王先生最喜歡工作 a_3，最不喜歡 a_4。另外假設各種工作離家距離 $c_2(a_1) = 15 \, \text{km}$, $c_2(a_2) = 5 \, \text{km}$, $c_2(a_3) = 12 \, \text{km}$, 及 $c_2(a_4) = 2 \, \text{km}$，則離家近的程度分別為

$$\hat{C}_2 = \frac{0.2}{a_1} + \frac{0.6}{a_2} + \frac{0.3}{a_3} + \frac{0.9}{a_4}. \tag{15.5}$$

因此根據以上的模糊集合，王先生應該選擇哪一個工作呢？根據 (15.1)式，可以得到以下模糊集合。

$$D = \frac{0.2}{a_1} + \frac{0.4}{a_2} + \frac{0.3}{a_3} + \frac{0.2}{a_4}. \tag{15.6}$$

所以由 (15.2)及(15.6)，王先生的選擇將是第二個工作 $a^* = a_2$.

　　事實上，以上的例子也可由人類直覺與常識解決，譬如我們也許會把(15.3)~(15.5)的所有模糊歸屬度相加以後得到以下式子

$$D_w = \frac{1.3}{a_1} + \frac{2.0}{a_2} + \frac{2.6}{a_3} + \frac{1.7}{a_4}. \tag{15.7}$$

上式已經不是模糊集合了，因為分子大於 1，但是不是模糊集合不重要，重要的是王先生的選擇，所以他應該會選擇第三個工作 $a^* = a_3$，此結果與例子所求的不相符。這是有可能的，我們必須承認公式所算出的結果並不一定與人類常識或直覺相符。再說人類直覺也許你我也會不一樣，所以我們認為決策的結果只有適當與否，而沒有正確與否。

　　然而，以上公式算法並不是絕對的，以人類直覺，作者也提出以下看法：若是王先生認為高薪是最重要的，紅利是第二重要，勝於其他所有條件，則可以定義 $\hat{G}_1$ 的權重為 1，$\hat{G}_2$ 的權重為

0.8，其他 $\hat{C}_1$ 及 $\hat{C}_2$ 的權重譬如說分別為 0.7 及 0.4，則作者建議以下式子也挺合理的，

$$D_w = (15.3a)式 \times 1 + (15.3b)式 \times 0.8 + (15.4)式 \times 0.7 + (15.5)式 \times 0.4,$$
$$(15.8)$$

則得到以下式子

$$\widetilde{D}_w = \frac{0.96}{a_1} + \frac{1.38}{a_2} + \frac{2.0}{a_3} + \frac{1.62}{a_4} .$$
$$(15.9)$$

上式也不再是模糊集合，但是仍可以知道王先生應該選擇 $a^* = a_3$。

15.3 多人決策

上一章節是一個人做決策，但這一章節談的是多人做的決策 ([56] 及 [57])。假設決策者人數是 n，每位決策者對於多種選擇 $X = \{x_1, x_2, ..., x_m\}$ 都有其喜愛的深淺程度 P_k, $k = 1, 2, ..., n$。現在我們有一個矩陣 $S = [s_{ij}]$，其中 $s_{ij} = \dfrac{N(x_i, x_j)}{n}$ 及 $N(x_i, x_j)$ 表示為喜愛 x_i 勝於 x_j 的次數或人數。矩陣 S 被稱為 "社會喜愛之模糊關係(fuzzy social preference relation)" [59]。因此模糊關係 S 基於 $\alpha - cut$ 觀念，我們列出滿足 $^{\alpha}S$ 的所有在 X 之選擇的排序關係稱為 $^{\alpha}O$，然後 α 從大至小列出所有 $^{\alpha}O$，再從大至小的 α 依次交集所有 $^{\alpha}O$ 直到交集結果剩下一組排序則停止，那個排序就是最

後結果，就是多數人的決定結果。是不是有點昏頭了？讓我們看看以下例子，將有助於讀者的了解。

例 15.2: 有 8 個學生想從四種品牌內選擇購買適合的手機，此四種品牌為 Apple、Samsung、HTC、及 Sony. 令 $X=\{a,\ s,\ h,\ y\}$，其中 a=Apple, s=Samsung, h=HTC, 及 y=Sony。8 位學生對四種品牌喜愛程度高低分別如下

$$P_1 =\{a,\ s,\ h,\ y\},$$
$$P_2 = P_5 =\{y,\ h,\ s,\ a\},$$
$$P_3 = P_7 =\{s,\ a,\ h,\ y\},$$
$$P_4 = P_8 =\{a,\ y,\ s,\ h\},$$
$$P_6 =\{y,\ a,\ s,\ h\}.$$

因此我們有以下矩陣，

$$
S = \begin{array}{c} a \\ s \\ h \\ y \end{array}
\begin{bmatrix}
0 & 0.5 & 0.75 & 0.625 \\
0.5 & 0 & \{0.75\} & 0.375 \\
0.25 & 0.25 & 0 & 0.375 \\
0.375 & 0.625 & 0.625 & 0
\end{bmatrix}
$$
$$\qquad\quad a \qquad s \qquad h \qquad y$$

在此舉 s_{23} 來計算，$s_{23} = \dfrac{6}{8} = 0.75$，分子 6 是 P_1-P_8 中 s 排在 h 前面的次數。其他元素 s_{ij} 可以類似方法求得。注意上式有一特徵就是 $s_{ij} + s_{ji} = 1$，其中 $i \neq j$. 因此 S 的所有 $\alpha-cuts$ 為

$^{1}S = \phi,$

$^{0.75}S = \{(a,h),(s,h)\},$

$^{0.625}S = \{(a,h),(s,h),(a,y),(y,s),(y,h)\},$

$^{0.5}S = \{(a,h),(s,h),(a,y),(y,s),(y,h),(a,s),(s,a)\},$

$^{0.375}S = \{(a,h),(s,h),(a,y),(y,s),(y,h),(a,s),(s,a),(y,a),(s,y),(h,y)\},$

$^{0.25}S = \{(a,h),(s,h),(a,y),(y,s),(y,h),(a,s),(s,a),(y,a),(s,y),(h,y),(h,a),(h,s)\}.$

譬如說 $^{0.75}S = \{(a,h),(s,h)\}$ 表示 8 位學生中有超過 6 位學生喜愛 a 勝於喜愛 h，或是喜愛 s 勝於喜愛 h. 提醒大家一下，四種品牌的喜愛排序總共會有 24 種，也就是 4!=24，也就是

$^{1}O = \{(y,a,s,h),\ (a,s,h,y),(a,y,s,h),(s,a,h,y),(y,h,s,a),.....\},$ 共24組。

但是 8 個學生所有選擇其實只有 5 組，是

$O_{all} = \{(y,a,s,h),\ (a,s,h,y),(a,y,s,h),(s,a,h,y),(y,h,s,a)\}$

另外 $^{0.75}O$ 是

$^{0.75}O = \{(y,a,s,h),(a,s,h,y),(a,y,s,h),(a,s,y,h),(y,s,a,h),(s,a,h,y),(s,y,a,h),$
$(s,a,y,h)\}$

(在 24 種排序中滿足 $a>h$ 及 $s>h$ 的排序方式，其中符號 $a>h$ 表示 a 排在 h 之前)。

因此 $^{1}O \cap ^{0.75}O = ^{0.75}O$。再來

$$^{0.625}O = \{(a,y,s,h)\} \tag{15.10}$$

所以 $^{1}O \cap {}^{0.75}O \cap {}^{0.625}O = \{(a,y,s,h)\}$。我們發現只剩一個排序，就停止了。那個排序就是最後多數人比較接受的決定。Apple 最受歡迎，HTC 最不適合。(以上例子，只是隨意舉例，沒有對哪個品牌手機有讚賞或貶抑之意)。

然而作者本身有自己的一套方法，此方法頗為直覺，也可以解此問題，現提出給大家參考。我們建立以下的表 15.1.

表 15.1

	1	2	3	4
a	3	3	0	2
s	2	1	5	0
h	0	2	3	3
y	3	2	0	3

第一列數字代表順序，第一直行代表四種品牌，其他直行數字代表大家喜愛程度(P_i)排序出現的次數，如 a 有三次排第一，三次排第二，兩次排第四。因此我們計算以下的積分

$$積分(a) = 3 \times 1 + 3 \times 2 + 0 \times 3 + 2 \times 4 = 17,$$
$$積分(s) = 2 \times 1 + 1 \times 2 + 5 \times 3 + 0 \times 4 = 19,$$
$$積分(h) = 0 \times 1 + 2 \times 2 + 3 \times 3 + 3 \times 4 = 25,$$
$$積分(y) = 3 \times 1 + 2 \times 2 + 0 \times 3 + 3 \times 4 = 19.$$

因此積分 (a) 最少，表示 a 排序第一，h 積分最多排序最後。不巧的是積分 (s)=積分(y)，在此情況下，把第四排序那一項取消，仍然計算積分，則積分(y)=7 及積分(s)=19. 因此 y 排序第二，s 排序第三。所以最後排序為 $\{a, y, s, h\}$ 與上例答案(15.10)一致。也許讀者又會問，為何平手時取消第四排序？而不是取消其他排序？真的問倒作者了，見仁見智吧，您也可以看誰第一排序比較多次就取誰領先等等。沒有標準答案，只有端看您的看法。

再強調一次，做決策沒有硬性規定的方法或絕對正確的方法，重要的是可以解釋合理邏輯即可。上例讀者也可以自行設計做決策，但是要有合理的解釋。

15.4 多條件決策

若有一個人在生活中要做一個決定，是根據許多條件及個人喜好度在 n 個選擇中來做最好的決定。假設所有可以做的行動選擇在集合 A 內，也就是 $A = \{a_1, a_2, \cdots, a_n\}$，其中 a_i 是第 i 個行動。另外我們考慮 r 個條件在此集合內 $O = \{O_1, O_2 \cdots O_r\}$，其中 O_i 是第 i 個條件。考慮某個條件根據宇集合 A，建立以下模糊集合 $O_i(a_j)$ 代表採取行動 a_j 可以達成條件 O_i 的模糊歸屬度。基本上我們希望選擇一個行動可以盡量達成所有條件之最高歸屬度。所以若我們選擇行動 a_j，有以下的方程式可以決定以上所謂的達成所有條件的最高歸屬度。

$$D(a_j) = \min \left[O_1(a_j), O_2(a_j), \cdots, O_r(a_j) \right], \tag{15.11}$$

其中 D 可以看成所有 O_i，$i = 1, 2, \ldots, r$，的交集，也就是

$D = O_1 \cap O_2 \cap \cdots \cap O_r$. 則最佳行動 a^* 可以由以下計算而得

$$D(a^*) = \max_j D(a_j). \tag{15.12}$$

上式表示 a^* 是最佳選擇的行動，因為採取行動 a^* 可以最大歸屬度滿足所有條件。

　　然而以上所計算的過程與 §15.2 節個人決策很相似，未考慮決策者的喜好度，也就是說假設決策者對所有條件重視度皆相同。但是現實上，決策者一定不可能對所有條件都抱持一致的重視度，一定會對某個條件較重視，某個條件較不重視之別，對於此情形，(15.12)的結果就無法滿足決策者的期望，必須做些修正才行。因此以下將加上決策者對不同條件的重視度來做計算。

　　假設決策者對所有條件的不同重視度所成的集合為 $P = \{p_1, p_2, \cdots p_r\}$，其中 p_i 為決策者對於第 i 個條件 O_i 的重視度，其值落在 $[0, 1]$ 範圍。因此，(15.11)可以修正如下：

$$D = M(O_1, p_1) \cap M(O_2, p_2) \cap \cdots \cap M(O_r, p_r) \cdot \tag{15.13}$$

其中 $M(O_i, p_i)$ 表示同時考慮條件 O_i 及被重視度 p_i 的程度，問題是 $M(O_i, p_i)$ 應以何種運算來作呢？參考文獻[55]建議，可以把 $M(O_i, p_i)$ 看成一個推論式 "若 p_i 則 $O_i(a_j)$"，即 $p_i \rightarrow O_i(a_j)$，表示若有 p_i 之重視度，則會影響 $O_i(a_j)$（行動 a_j 滿足條件 O_i）之大小為何？因此可以第六章之推論來處理，也就是

$$\{p_i \rightarrow O_i(a_j)\} = \bar{p}_i \vee O_i(a_j) = M_i(a_j) \tag{15.14}$$

上式(15.14)是丹尼-理查表示法(6.6)式來作的推論，當然也可以用其他表示法去作(如(6.7)式~(6.10)式)。合併(15.13)及(15.14)式，我們就可得

$$D(a_j) = \bigcap_{i=1}^{r} (\overline{p}_i \cup O_i(a_j)) = \bigcap_{i=1}^{r} M_i(a_j). \qquad (15.15)$$

其中 $M_i = \overline{p}_i \cup O_i$，(15.15)式表示選擇行動 a_j 之滿足所有條件及考慮所有條件重視度之歸屬度，最佳之決定則再需要下式

$$D(a^*) = \max_j (D(a_j)) = \max_j \left[\min_i M_i(a_j) \right]. \qquad (15.16)$$

注意(15.16)式含有三重運算，M_i 內有 max (即 $\vee$ 表示聯集 $\cup$)，D 內有 min (即 $\wedge$ 表示交集 $\cap$)，$D(a^*)$ 內又有 max。由(15.16)式計算出來最大之 $D(a^*)$ 即意指選擇 a^* 之決定最佳。

還有一件事需要補充，在作(15.16)式時，可能會發生 a^* 不只一個選擇，也就是說，可能有數個 a_i，如 $a_1, \ldots, a_j, \cdots, a_k$，它們之 $D(a_i^*)$ 都相同，也就是 "平手" 狀況，此時我們應該如何在此數個平手行動中，再決定一個最佳行動呢？在(15.16)式中，若有兩個 a_i 使 $D(a_h) = D(a_k) = \max_{j=h,k}(D(a_j))$。表示此 $D(a_h) = $ 某一個 $\overline{(p_i \vee O_i(a_h))}$，而 $D(a_2) = $ 某一個 $\overline{(p_i \vee O_i(a_k))}$，則把這兩個項式 $\overline{(p_i \vee O_i(a_h))}$ 及 $\overline{(p_i \vee O_i(a_k))}$ 分別在計算(15.15)式之 $D(a_1)$ 及 $D(a_2)$ 時去除，再算一次(15.16)式若再碰到"平手"狀況，則再作一次以上去除平手因子動作，直到分出贏家為止。以下舉個例子來示範。

例 15.3: 有一個會計師要買一部新車，他的助理推薦不同三種牌子的三部車給他，那三種牌子分別為 Honda、Toyota、及 Nissan. 該會計師選擇新車的條件為價錢合理、易維修、安全、以及舒適四個條件。當然此會計師對此四個條件也有不同重視程度。因此我們定義集合 A 為所有牌子如下

$$A = \{Honda,\ Toyota,\ Nissan\}. \qquad (15.17)$$

四個條件為 $O = \{$價錢合理、易維修、安全、舒適$\} = \{O_1, O_2, O_3, O_4\}$ 會計師對四個條件之重視程度為

$$P = \{p_1 = 0.8,\ p_2 = 0.9,\ p_3 = 0.7,\ p_4 = 0.5\}.$$

現在助理提供以下資訊給會計師:

$$價錢合理 \Rightarrow O_1 = \frac{0.4}{Honda} + \frac{1}{Toyata} + \frac{0.7}{Nissan};$$

$$易維修 \Rightarrow O_2 = \frac{0.9}{Honda} + \frac{0.6}{Toyata} + \frac{0.3}{Nissan};$$

$$安全性 \Rightarrow O_3 = \frac{0.2}{Honda} + \frac{0.4}{Toyata} + \frac{1.0}{Nissan};$$

$$舒適性 \Rightarrow O_4 = \frac{1.0}{Honda} + \frac{0.5}{Toyata} + \frac{0.5}{Nissan}.$$

以上式子在此解釋一下，如價錢合理 O_1 表示助理建議會計師對於 Honda 車的價錢合理程度有 4 成的同意，對於 Toyata 車的價

錢有 100% 程度同意，但對於 Nissan 車的價錢，只有 7 成同意。
其他 O_i 可以比照解釋。則根據(15.15)，可以得到以下式子

$$D(a_1) = A(\text{Honda}) = (\bar{p}_1 \vee O_1(a_1)) \wedge (\bar{p}_2 \vee O_2(a_1)) \wedge (\bar{p}_3 \vee O_3(a_1)) \wedge (\bar{p}_4 \vee O_4(a_1))$$
$$= (0.2 \vee 0.4) \wedge (0.1 \vee 0.9) \wedge (0.3 \vee 0.2) \wedge (0.5 \vee 1.0) = 0.3;$$
$$D(a_2) = A(\text{Toyata}) = (\bar{p}_1 \vee O_1(a_2)) \wedge (\bar{p}_2 \vee O_2(a_2)) \wedge (\bar{p}_3 \vee O_3(a_2)) \wedge (\bar{p}_4 \vee O_4(a_2))$$
$$= (0.2 \vee 1.0) \wedge (0.1 \vee 0.6) \wedge (0.3 \vee 0.4) \wedge (0.5 \vee 0.5) = 0.4;$$
$$D(a_3) = A(\text{Nissan}) = (\bar{p}_1 \vee O_1(a_3)) \wedge (\bar{p}_2 \vee O_2(a_3)) \wedge (\bar{p}_3 \vee O_3(a_3)) \wedge (\bar{p}_4 \vee O_4(a_3))$$
$$= (0.2 \vee 0.7) \wedge (0.1 \vee 0.3) \wedge (0.3 \vee 1.0) \wedge (0.5 \vee 0.5) = 0.3.$$

則最佳選擇就是 Toyota=a_2，因為

$$D(a^*) = \max(D(a_1),\ D(a_2),\ D(a_3)) = \max(0.3,\ 0.4,\ 0.3) = 0.4 = D(a_2).$$

$$(15.18)$$

同樣的車子若讓該會計師的老婆來選的話，可能會有不同結
果。因為他老婆有不同的重視程度 $P_w = \{0.5, 0.6, 0.8, 0.7\}$，但仍以助
理提出的 O_1-O_4 為參考，則有以下結果：

$$D(a_1) = (0.5 \vee 0.4) \wedge (0.4 \vee 0.9) \wedge (0.2 \vee 0.2) \wedge (0.3 \vee 1) = 0.2;$$
$$D(a_2) = (0.5 \vee 1) \wedge (0.4 \vee 0.6) \wedge (0.2 \vee 0.4) \wedge (0.3 \vee 0.5) = 0.4;$$
$$D(a_3) = (0.5 \vee 0.7) \wedge (0.4 \vee 0.3) \wedge (0.2 \vee 1) \wedge (0.3 \vee 0.5) = 0.4.$$

從(15.16)式可以得到

$$D(a^*) = \max\{D(a_1), D(a_2), D(a_3)\} = 0.4.$$

不巧的是 $D(a^*)=0.4$ 發生平手狀況 $D(a_2)=D(a_3)$ ，需要繼續處理。讓我們回頭看看上式中的 $D(a_2)=0.4$ 來自於 $(0.2\vee0.4)$ 那一項，而 $D(a_3)=0.4$ 來自於 $(0.3\vee0.4)$ 那一項，因此我們為了防止"平手"結果，把這兩項分別去除之，再算一次。

$$\left.\begin{array}{l}\hat{D}(a_2)=(0.5\vee1)\wedge(0.4\vee0.6)\wedge(0.3\vee0.5)=0.5\\\hat{D}(a_3)=(0.5\vee0.7)\wedge(0.2\vee1)\wedge(0.3\vee0.5)=0.5\end{array}\right\}\Rightarrow\hat{D}(a^*)=0.5\,.$$

$$(15.19)$$

糟糕！又發生一次"平手"，而 $\hat{D}(a_2)=0.5$ 來自於 $(0.3\vee0.5)$ 那一項， $\hat{D}(a_3)=0.5$ 來自於 $(0.3\vee0.5)$ 那一項，所以再作一次去除平手之因子動作

$$\left.\begin{array}{l}\hat{\hat{D}}(a_2)=(0.5\vee1)\wedge(0.4\vee0.6)=0.6\\\hat{\hat{D}}(a_3)=(0.5\vee0.7)\wedge(0.2\vee1)=0.7\end{array}\right\}\Rightarrow\hat{\hat{D}}(a_3)=0.7\ 較大\qquad(15.20)$$

最後該老婆選擇 Nissan 車了。

讓我們回想一下會計師的決策，他特別重視易維修的條件，最後選擇 Toyota 車，因此(15.18)是合情理的。反觀他的老婆最重視安全性，所以她最後選擇 Nissan 如(15.20)也就不足為奇了。

有一個有趣的建議，若讀者把個人決策那一章節的方法拿來本章節做做看，是不是會有一些令人好奇的結果？期待讀者自行去發掘。

15.5 結論

　　本章討論了三種決策方法，第一種為個人決策法，這個方法只有一個決策者；第二種為多人決策法，因有多人共同做決策，結果為大多數人可以接受者；第三種為多條件決策法，雖然為個人做決策，但考慮多條件，重視度等因素去決定最佳決策。以上這些決策法都沒有附上數學證明，但是所做的最後決定，邏輯上，應該滿足人的直覺以及讓人覺得合理。在本章中，作者也憑著直覺與常識提出一些個人想法，做出的結果可能與以上決策方法做出的結果類似或不同。作者的看法是決策的決定是一個開放議題，任何決策者都可以提出一套決策法則，只要合乎邏輯，常識及合理性，應該都可以被接受。而且這種偏向邏輯之計算，有時也很難用數學證明。

　　至少本章提出幾個決策方法，可以幫助讀者在日常生活中做決策參考用，人的一生中，不就是由許許多多的決策與選擇來串連而成嗎?其實作者有一篇文章[52]，談到高速公路匝道的紅綠燈控制，如何由高速公路上的車流速度決定紅綠燈變換時間，讓公路更為暢通，這是一個利用模糊控制規則庫去達成的決策問題，何時該換燈號，每種燈號延續時間多長?都是一個決策問題。另外本書的前一版[53]第十七章，也提到一些決策法則，都可以參考。假設讀者對於決策問題有興趣，參考文獻[48]第十章值得一讀。

習題

15.1. 閱讀參考文獻[52]。

15.2. 閱讀參考文獻[48]。

15.3. 若例 15.3 中的重視度改為 $P = \{0.5, 0.8, 0.9, 0.2\}$，則最後結果如何？

若 O_2 也被改成: 易維修 $\Rightarrow O_2 = \dfrac{0.4}{Honda} + \dfrac{0.2}{Toyata} + \dfrac{0.7}{Nissan}$，

結果又會如何？

15.4. 讀者是不是可以以自己的直覺或常識，提出一套決策方法試作例 15.2 看看?但要附上合理的解釋。

第 十 六 章

調 適 性 神 經

模 糊 推 論 系 統

16.1 前言

　　最近人工智慧及深度學習紅遍半邊天，這兩種學問中最基本的角色就是神經網路。神經網路是模仿人類神經系統的一種網路型演算法，結構上由節點 (node)，連結枝 (link) 上的權重 (weight)，及某些活化函數(activation function)來組成，特點是可藉由 "自我學習" 調整權重至適當值，而完成網路所要實現的功能，如分類、函數近似、圖樣還原等功能。而模糊系統所學至今，我們知道也有某些功能，但是自我學習的能力就較欠缺，因此我們提出本章，把模糊推論與神經網路整合在一起，建立一個所謂 "調適性神經－模糊推論系統" (adaptive neuro-fuzzy inference systems ANFIS)[47]，其最重要的目的是 "函數近似" 或可謂 "輸入－輸出映射關係" （I/O mapping)之建立。

16.2 ANFIS 之架構

　　為了方便說明，我們以兩輸入 x_1 及 x_2，一輸出 f，來介紹如何把一個一階式 Sugeno 模糊系統建構成一個 ANFIS。例如一個常見的 Sugeno 模糊規則庫如下：

$$S_1 \begin{cases} 規則1 : 若 x_1 是 A_1 , 若 x_2 是 B_1 , 則 f_1 = \alpha_1 x_1 + \beta_1 x_2 + \gamma_1 & \text{(16.1a)} \\ 規則2 : 若 x_1 是 A_2 , 若 x_2 是 B_2 , 則 f_2 = \alpha_2 x_1 + \beta_2 x_2 + \gamma_2 & \text{(16.1b)} \end{cases}$$

(Sugeno 模糊系統[47]是指如(16.1)式的規則模式，其後件部為數學函數 $y = f(x)$)。根據第八章之模糊推論工場及第九章之中心平均值解模糊化法，可得最後輸出為

$$f = \frac{w_1 f_1 + w_2 f_2}{w_1 + w_2} = \hat{w}_1 f_1 + \hat{w}_2 f_2 \tag{16.2}$$

其中 $\hat{w}_1 = \dfrac{w_1}{w_1 + w_2}$, $\hat{w}_2 = \dfrac{w_2}{w_1 + w_2}$。 w_i 為觸發前件部 A_i 與 B_i 高度之較

低者或乘積,見圖 16.1,現在我們把對應於以上兩規則及輸出式 (16.2)以網路架構把它建立起來,如圖 16.2,

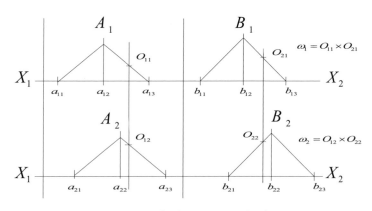

圖 16.1 前件部之觸發情形

在圖 16.1 中,A_1 及 A_2 是 x_1 所屬之模糊集合,B_1 及 B_2 是 x_2 所屬之 模糊集合,它們可以任何形式之模糊歸屬函數來表示。第一層後 之 $O_{1i} = A_i(x_1)$, $i = 1, 2$; $O_{2i} = B_i(x_2)$, $i = 1, 2$; 分別表示 x_1 及 x_2 觸 發 A_i 及 B_i 之高度值。

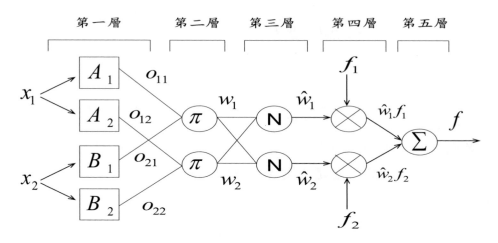

圖 16.2 ANFIS 架構

第二層之節點表示前件部觸發高度之較低者或乘積(見(3.21)),所以其輸出為

$$w_i = \min(A_i(x_1), B_i(x_2)) = \min(O_{1i}, O_{2i}), \quad i = 1, 2$$

或

$$w_i = A_i(x_1) \times B_i(x_2) = O_{1i} \times O_{2i}, \quad i = 1, 2$$

第三層之節點代表以下式子

$$\hat{w}_i = \frac{w_i}{w_1 + w_2} \quad , \quad i = 1, 2 \tag{16.3}$$

第四層則作 $\hat{w}_1 \times f_1$ 及 $\hat{w}_2 \times f_2$ 之工作,如(16.2)式。
第五層則作(16.2)式輸出 f。

所以由以上五層的網路架構,其實可以代替一個模糊推論系統(二個模糊規則及推論工場(16.2)式)。當然,若兩個規則變成四個規則,也就是 S_1 再加上 S_2

$$S_2 \begin{cases} \text{規則 3: 若 } x_1 \text{ 是 } A_1, \text{ 若 } x_2 \text{ 是 } B_2, \text{ 則 } f_3 = \alpha_3 x_1 + \beta_3 x_2 + \gamma_3 \\ \text{規則 4: 若 } x_1 \text{ 是 } A_2, \text{ 若 } x_2 \text{ 是 } B_1, \text{ 則 } f_4 = \alpha_4 x_1 + \beta_4 x_2 + \gamma_4 \end{cases}$$

則圖 16.2 將變成圖 16.3

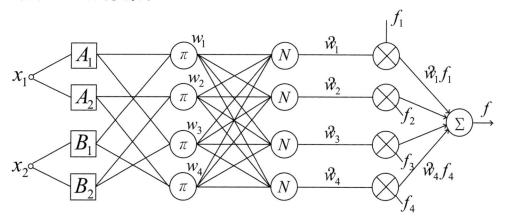

圖 16.3 四個規則之 ANFIS

總輸出為

$$f = \frac{w_1 f_1 + w_2 f_2 + w_3 f_3 + w_4 f_4}{w_1 + w_2 + w_3 + w_4} = \hat{w}_1 f_1 + \hat{w}_2 f_2 + \hat{w}_3 f_3 + \hat{w}_4 f_4 \quad (16.4)$$

其中 $\hat{w}_i = \dfrac{w_i f_i}{w_1 + w_2 + w_3 + w_4}$, $i = 1, 2, 3, 4$ ，可見當規則數愈多，ANFIS 之網路架構將更複雜。

以上是 Sugeno 模糊系統的 ANFIS，現在再看傳統型式 (Mamdani type)之模糊規則如何轉成 ANFIS。

$$\hat{S}_1 \begin{cases} 規則1：若 x 是 A_1, 若 y 是 B_1, 則 z 是 C_1 \\ 規則2：若 x 是 A_2, 若 y 是 B_2, 則 z 是 C_2 \end{cases}$$

其中 A_i, B_i 及 C_i 分別為 x, y 及 z 之模糊集合(見圖 16.4)，則經過模糊推論工場後可得(16.2)式產生最後輸出。其 ANFIS 類似於圖 16.2，運作方式如圖 16.4。值得一提的是(16.2)式中之 f_1 及 f_2 在此分別為 c_{11} 及 c_{12}。

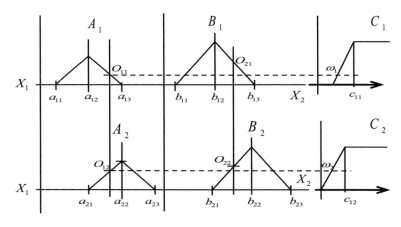

圖 16.4 傳統型式之模糊規則

到目前我們已知道如何把模糊規則庫建立成一個等效的 ANFIS。接下來該探討的是這些 ANFIS 內含之參數要如何訓練。以(16.1)式來論，這些參數包括前件部模糊集合 A_i 及 B_i 之坐標點 a_{ij}, b_{ij}, $i=1, 2; j=1, 2, 3$，我們稱為 $P_1=\{a_{ij}, b_{ij}, i=1, 2; j=1, 2, 3\}$，以及 Sugeno 後件部式中的係數 $\alpha_i, \beta_i, \gamma_i$，稱為 $P_2=\{\alpha_i, \beta_i, \gamma_i, i=1, 2, 3, 4\}$（以圖 16.3 四條規則為例）。

16.3 ANFIS 之參數學習

為了更容易讓讀者了解，我們以圖 16.2 為例來說明，從 (16.2)式中可知

$$
\begin{aligned}
f &= \hat{w}_1 f_1 + \hat{w}_2 f_2 \\
&= \hat{w}_1(\alpha_1 x_1 + \beta_1 x_2 + \gamma_1) + \hat{w}_2(\alpha_2 x_1 + \beta_2 x_2 + \gamma_2) \\
&= (\hat{w}_1 x_1)\alpha_1 + (\hat{w}_1 x_2)\beta_1 + \hat{w}_1\gamma_1 + (\hat{w}_2 x_1)\alpha_2 + (\hat{w}_2 x_2)\beta_2 + \hat{w}_2\gamma_2
\end{aligned}
$$

$$(16.5)$$

(16.5)式中之輸出 $\hat{w}_1$, $\hat{w}_2$ 可由觸發模糊歸屬函數之高度來求得，但尚有前件部 A_i 及 B_i 之歸屬函數之參數（ a_{i1}, a_{i2}, a_{i3} ）及 (b_{i1}, b_{i2}, b_{i3}) （見下幾頁的補充 2 及(16.17)式），以及後件部之 $\alpha_i, \beta_i, \gamma_i$。

$$A\theta = f \qquad (16.6)$$

其中 f 是輸出；θ 是 P_2 內所有參數 $\theta=[\alpha_1, \beta_1, \gamma_1, \alpha_2, \beta_2, \gamma_2]^T$；$A$

則是一個矩陣，A 中之第 k 橫列 $\overline{a}(k)$ 是(16.5)式中之係數，即 $[\hat{w}_1(k)x_1(k), \hat{w}_1(k)x_1(k), \hat{w}_1(k), \hat{w}_2(k)x_1(k), \hat{w}_2(k)x_2(k), w_2(k)] = \overline{a}(k)$ ，表示在 k 時間時，輸入 x_1 及 x_2，和其觸發值 $\hat{w}_1$ 及 $\hat{w}_2$。因此 A 可以寫成

$$A = \begin{bmatrix} \hat{w}_1(1)x_1(1) & \hat{w}_1(1)x_2(1) & \hat{w}_1(1) & \hat{w}_2(1)x_1(1) & \hat{w}_2(1)x_2(1) & \hat{w}_2(1) \\ \hat{w}_1(2)x_1(2) & \hat{w}_1(2)x_2(2) & \hat{w}_1(2) & \hat{w}_2(2)x_1(2) & \hat{w}_2(2)x_2(2) & \hat{w}_2(2) \\ \vdots & & & \vdots & & \\ \hat{w}_1(k)x_1(k) & \hat{w}_1(k)x_2(k) & \hat{w}_1(k) & \hat{w}_2(k)x_1(k) & \hat{w}_2(k)x_2(k) & \hat{w}_2(k) \\ \vdots & & & \vdots & & \\ \hat{w}_1(m)x_1(m) & \hat{w}_1(m)x_2(m) & \hat{w}_1(m) & \hat{w}_2(m)x_1(m) & \hat{w}_2(m)x_2(m) & \hat{w}_2(m) \end{bmatrix}$$

$$(16.7a)$$

而

$$f = \begin{bmatrix} f(1) & f(2) & \ldots & f(m) \end{bmatrix}^T = \begin{bmatrix} y(1) & y(2) & \ldots & y(m) \end{bmatrix}^T = Y \quad (16.7b)$$

該注意的是在(16.6)中，A 是一個 $m \times 6$ 之矩陣，θ 是一個 6×1 之向量，f 是一個 $m \times 1$ 之向量，m 是輸入 x_1 及 x_2 的次數。若要求出 θ 中之 6 個未知數，必須 $m \geq 6$，在傳統之最小平方估測法(least-square estimator LSE)中[51]，最佳估測值為

$$\theta^* = (A^T A)^{-1} A^T f \tag{16.8}$$

以上已經把模糊規則後件部的係數估測出，在此有一個補充說明。

補充 1：(16.8)式是一種"堆集式"的最小平方估測法(batch LSE)，一堆訓練資料輸入後，再一起算出 θ^*，要注意的是 A 之列數 m 要大於 θ 向量中未知參數數目才能解。也有另一種"序列式"(sequence LSE)最小估測法，一組輸出入資料就修正一次參數。在此不詳述，有興趣的讀者可詳閱[51]。

現在假設我們不知道 P_2 內的參數 θ，但我們有訓練資料中之輸入 x_1 及 x_2 以及輸出 Y_d 來改寫(16.8)式為(16.9)式如下

$$\hat{\theta} = (A^T A)^{-1} A^T Y_d \qquad (16.9)$$

其中 $Y_d = \begin{bmatrix} y_d(1) & y_d(2) & \dots & y_d(m) \end{bmatrix}^T = Y_d$，所以只要有足夠 (m) 筆數的訓練輸入-輸出資料，由(16.9)式可以求出最佳估測的未知後件部參數。值得注意的是作(16.9)之估測時，A 及 Y_d 均是已知的，換句話說 $\hat{w}_1(i)$、$\hat{w}_2(i)$ 均是知道的，也就是說前件部之 P_1 均已固定，才能知道觸發高度 $\hat{w}_j(i)$，$j = 1, 2$；$i = 1, 2, \cdots, m$。可惜的是 P_1 中之參數是否是最佳的呢？在未加以訓練的情況下，當然不可能是最佳的。所以以下的最陡坡降法(steepest descent)是用來調整前件部(P_1 中)的參數的。

我們以圖 16.2 來作說明，首先設定好 P_1 參數後(也許是不適當的)，根據訓練資料中的輸入 $x_i(k)$ 及輸出 Y_d，以及(16.9)式即可求得 P_2 參數。但因 P_1 參數是不適當的，當然(16.9)式算出之 P_2 參數 $\hat{\theta}$ 也是不佳的，有了 $\hat{\theta}$，再重新輸入訓練資料之 $x_i(k)$，經過(16.2)式得到 f，其值與訓練資料之輸出 Y_d，當然有誤差如(16.10)式。

$$E = (Y_d - f)^2 = (Y_d - Y)^2 \qquad (16.10)$$

再強調一次，上式中代表訓練資料輸出 Y_d 與利用設定好的 P_1 參數及(16.9)估測出的 P_2 參數 $\hat{\theta}$ 而建立的網路(圖 16.2)得到的輸出 f 之誤差。請注意:訓練資料中的 Y_d 與(16.7b)中之 Y 是不同的，Y_d 來自於訓練資料，代表正確答案或稱想要的答案，而 Y 乃是由網路中算出的輸出，為了方便說明起見，我們假設(16.10)中 Y_d 是一個純量，以 y_d 表示，不是向量。為了使 E 最小，最陡坡降法即可使用，我們希望 P_1 參數中每一個都可以被調整到正確值，這個調整法則是

$$v_{ij}(h+1) = v_{ij}(h) + \Delta v_{ij}(h) \qquad (16.11)$$

當 h 到足夠多時，v_{ij} 就收斂到可接受的正確值，其中 v_{ij} 是指 P_1 參數中任何一個值。依據最陡坡降法，v_{ij} 之調整量可由下式求得

$$\Delta v_{ij} = -\eta \frac{\partial E}{\partial v_{ij}} \qquad (16.12)$$

上式中的 η 是學習速率之常數，由圖 16.2 中可見 E 來自於 Y_d 減去最後一層輸出值，而 v_{ij} 卻在第一層，兩者似無關係，偏微分如何作呢？待以下細說分明。

$$\frac{\partial E}{\partial v_{ij}} = \sum_{O^* \in H} \frac{\partial E(k)}{\partial \hat{O}} \frac{\partial \hat{O}}{\partial v_{ij}} \qquad (16.13)$$

其中 H 代表所有含 v_{ij} 之神經元，$\hat{O}$ 是該神經元輸出。因 $\hat{O}$ 含有

v_{ij}，所以 $\dfrac{\partial \hat{O}}{\partial v_{ij}}$ 可以算，但 $\dfrac{\partial E}{\partial \hat{O}}$ 又得費一番功夫了，我們知道從 (16.10)式

$$\frac{\partial E}{\partial O^L} = -2(y_d - f) \tag{16.14}$$

O^L 為第 L 層(最後一層)之輸出，而

$$\frac{\partial E}{\partial O^{L-1}} = \frac{\partial E}{\partial O^L}\frac{\partial O^L}{\partial O^{L-1}} = -2(y_d - f)\frac{\partial O^L}{\partial O^{L-1}} \tag{16.15}$$

因 O^{L-1} 為第 L-1 層之輸出，必然影響 O^L，所以 $\dfrac{\partial O^L}{\partial O^{L-1}}$ 可以算出。因此(16.13)可以重寫如下

$$\frac{\partial E}{\partial v_{ij}} = \sum_{\hat{O}\in H}\frac{\partial E}{\partial \hat{O}}\frac{\partial \hat{O}}{\partial v_{ij}} = \sum \frac{\partial E}{\partial O^L}\frac{\partial O^L}{\partial O^{L-1}}\cdots\frac{\partial O^2}{\partial O^1}\frac{\partial O^1}{\partial v_{ij}} \tag{16.16}$$

(16.16)式中 $\dfrac{\partial O^1}{\partial v_{ij}}$ 可以求得，因 O^1 中含有 v_{ij} (見補充 2)。而任一個 $\dfrac{\partial O^k}{\partial O^{k-1}}$ 都可以求(例如圖 16.2 中之 $\dfrac{\partial \hat{w}_2}{\partial w_1}$)，因 O^k 一定來自於 O^{k-1} 之組合，因而 $\dfrac{\partial E}{\partial v_{ij}}$ 就可得到，再依(16.12)，Δv_{ij} 即可求得。

補充 2：若 $A_i(x_1)$ 為一個吊鐘型歸屬函數，($B_i(x_2)$ 也同理可類推)

$$A_i(x_1) = \frac{1}{1 + |\frac{x_1 - c_{ij}}{a_{ij}}|^{2b_{ij}}} \qquad (16.17)$$

則 $\frac{\partial O^1}{\partial v_{ij}} = \frac{\partial A_i(x_1)}{\partial a_{ij}}$ 、 或 $\frac{\partial O^1}{\partial v_{ij}} = \frac{\partial A_i(x_1)}{\partial b_{ij}}$ 、 或 $\frac{\partial O^1}{\partial v_{ij}} = \frac{\partial A_i(x_1)}{\partial c_{ij}}$ 。

讀者可以看出為了求得 Δv_{ij} ，我們是由最後一層一步一層往前推進作偏微分，直到第一層(含前件部參數層) $\frac{\partial O^1}{\partial v_{ij}}$ 為止， Δv_{ij} 求得後， v_{ij} 就作一次修正了。每一個輸入資料進入，我們就可依照以上方法修正一次 P_1 之參數。

　　總而言之，ANFIS 之 P_1, P_2 參數是分別由二種方向來學習的。首先是固定 P_1 參數，再把 m 筆訓練輸入 x_i 進入網路(m 要大於 θ 向量中未知參數 P_2 數目)，傳進信號到輸出前一層(不是最後輸出層)，再利用訓練資料之 m 筆訓練輸出以(16.9)式來求得 P_2 參數。有了 P_2 參數，再輸入下一個輸入資料由(16.10)及(16.12)式，加上(16.16)式反推求得 P_1 參數之調整量。如此一正向(用最小平方估測法(16.9)式)及一反向(最陡坡降法(16.12)式)之來回運算就可以把 P_1 及 P_2 參數修正到最接近正確值。這種正反向交替運用之算法叫做"混合式學習"。下表作一整理，可以幫助讀者了解整個參數學習過程。

表 16.1

	正向	反向
P_1參數	固定	最陡坡降法
P_2參數	最小平方估測法	固定
信號	輸入正向傳遞	誤差回傳
公式	(16.9)	(16.10)~(16.16)
調整方法	m 組訓練輸入/輸出資料作一次調整 P_2 參數	一組輸入作一次調整 P_1 參數

最後我們舉一個函數近似的例子如下：

例 16.1 [32]：有一個三輸入-輸出之非線性函數如下：

$$f(x,y,z) = (1 + x^{\frac{1}{2}} + y^{-1} + z^{-1.5})^2 \qquad (16.18)$$

假設有 216 組輸入輸出訓練資料，從 $x \in [1, 6]$，$y \in [1, 6]$ 及 $z \in [1, 6]$ 均勻分佈取出輸入資料，輸出 Y_d 由 (16.18) 接受輸入之 x, y, z 後得到。利用以上 216 組輸出入訓練資料，我們設計了八條模糊規則，每個輸入有二個模糊集合，用 ANFIS(圖 16.5)來實現它。

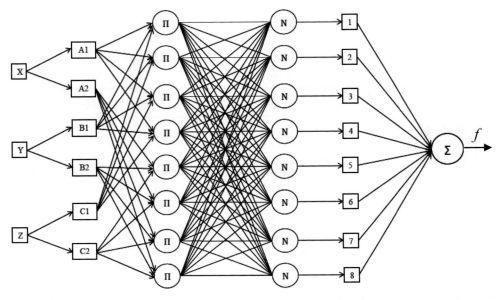

圖 16.5 例 18.1 之 ANFIS 架構

訓練前的初始 x (或 y, z) 之吊鐘形歸屬函數如下

$$A_i(x_1) = \frac{1}{1+|\dfrac{x_1 - c_{ij}}{a_{ij}}|^{2b_{ij}}}$$

如圖 16.6(a) 所示。訓練後如圖 16.6(b)-(d) 所示。若我們用 (16.19)式

$$Error = \frac{1}{N}\sum_{i=1}^{N}\frac{y_d(i) - f(x,y,z)(i)}{y_d(i)}\times 100\% \qquad (16.19)$$

來作 ANFIS 近似效果之展示，其中 N 表示訓練資料之組數。請注意的是模糊規則之前件部共有六個 (x, y, z) 吊鐘型歸屬函數，所以有 $3 \times 2 \times 3$ 個 P_1 參數，而每條規則之後件部為 $f_i = \alpha_i x + \beta_i y + \gamma_i z + w_i$，$i = 1, 2, \cdots, 8$，有四個未知，所以八條規則共有 $4 \times 8 = 32$ 個 P_2 參數。因此 $32 + 18 = 50$，共有 50 個參數需要訓練。而以(16.19)式所作之 $Error$ 顯示在圖 16.7 上，以 216 個訓練資料再作測試可得到約 0.043% 之錯誤率。其為了保險起見，應再取非訓練資料來作 ANFIS 之測試，我們取 $x \in [1.5, 5.5]$，$y \in [1.5, 5.5]$，$z \in [1.5, 5.5]$平均分佈之 125 組資料來作測試資料(非訓練資料)，得到的錯誤率約 1.066%。此 ANFIS 算是很成功的！圖 16.7(a)表示 $Error$ 曲線由不同的學習速率常數 $\eta = 0.01 \sim 0.09$(從右排到左)，圖 16.7(b)表示訓練資料(實線)及測試資料(虛線)的 $Error$ 曲線，橫軸(Epoch 表示所有資料跑完一次稱為一 Epoch)。(以上資料及圖形均參考或取自 [32] 的 p.348~p.350)

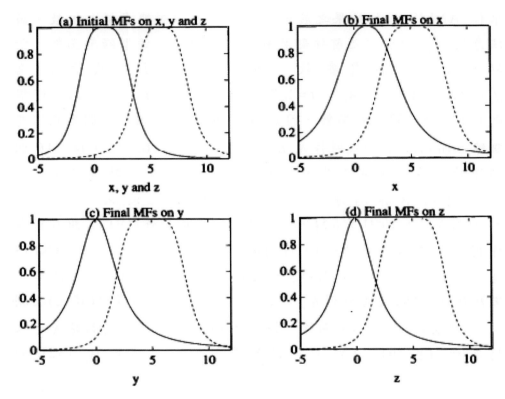

圖 16.6 訓練前(a)後(b)-(d)之前件部歸屬函數

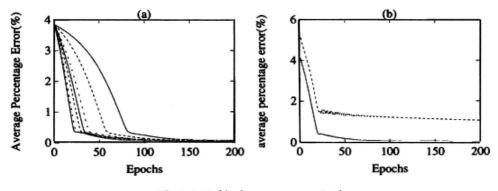

圖 16.7 輸出之 error 曲線

16.4 本章總結

本章把一個模糊規則庫以神經網路架構建立起來,並達到函數近似的功能,可貴的是所建立的神經網路 ANFIS,其規則中之前後件部之參數皆可用最小平方估測法或最陡坡降法計算出來。確實比起第十二章之近似法高明一些,第十二章的歸屬函數都是事先設定好,而且僅適用於傳統型的模糊規則庫。學了本章,至少知道了神經網路有自我學習功能,還可以把模糊規則完全以網路形式模仿出來,已略知神經網路的厲害,此章也許可以當作未來繼續學習神經網路的開門磚。

習題

請詳讀參考文獻 [47]。

第 十 七 章

結 論

17.1 本書結論

　　許多討論 Fuzzy 的書籍內都會舉一個例子，做為讀者讀完該書的一個自我試驗，筆者覺得該例子甚是有趣，頗具“寓教於樂”的效果，因此也不能免俗地在此再提出一次。該例子是這樣說的：有個人在沙漠中迷路了，又累又餓。走著走著，忽然看見兩個瓶子在地上(A、B 兩瓶)，喜出望外，拿起來一看，每個瓶子上各貼一標籤。A 瓶上寫“水的歸屬度是0.9”，B 瓶上寫“有毒液體的機率為 10% ”。若這個人是你，而你也學過 Fuzzy 理論及機率學，你會喝哪一瓶呢?(假設你已快渴死，非選擇一瓶喝不可)？為什麼選那一瓶呢？

　　依筆者的經驗，我會做如下的回答：以 Fuzzy 理論觀點，A 瓶蠻像是水的，其幾乎可視為水，但絕對不是純水(純水的歸屬度應為 1)，它可能是很淡很淡的果汁或牛奶，亦可能是混有一點點其他雜質的水。而 B 瓶則有 10% 機率是毒液，90% 機率是可喝無毒的液體，或應該說“有十瓶毒液與九十瓶水，這一百瓶液體不開封，而互相混雜在一起，然後將這一百瓶液體隨機選擇一瓶放在沙漠中(即為 B 瓶)”。B 瓶是由這一百瓶中選出的，所以有毒的可能性為 10%。看到這兒你是否已心裡有數，曉得機率學與模糊理論的不同處？ 或是決定該選哪一瓶喝才安全呢？若要筆者選擇，我會選 A 瓶的液體喝，因為 A 瓶即使是含毒的水，毒液的含量應是非常稀少，毒性鐵定不高，更何況它可能根本無毒，僅只是淡果汁或淡酒而已。但若選B瓶的水，你有90% 機率喝到無毒的液體(果汁、汽水或酒)，不過得冒著 10% 機率被毒死的危險，仍是令人擔心害怕！然而，以上只是筆者的想法，不是標準答案，讀者可自行選擇。你也可以冒著 10% 喪命的危險，而選擇到 90% 的果汁，若真是幸運未被毒死，喝到的飲料說不定比 A 瓶好喝的多。

　　以上的例子你若瞭解，則對 Fuzzy 集合的基本認識應已及格。另外，本書提及的模糊集合運算、模糊關係、模糊邏輯、模糊推論、模糊化與解模糊化，均是為了後面模糊控制及其他應用所需；模糊算術、模糊關係方程式，是試圖建立模糊理論之數學架構，對應於一般代數數學，在模糊數學中應有其相對的運算方法；至於模糊系統穩定性分析，則是探討後件部為狀態方程式之模糊系統的穩定性問題，這是個以控制領域眼光看模糊系統的典型問題；模糊控制則是把模糊理論與控制器設計相結合以完成控制任務，本書並介紹 T-S modeling 的方法，此方法在模糊控制領域非常火紅，所以本書當然不可忽略。模糊理論的應用如函數之近似、資料分類、模糊決策等等都在後面幾章提及。模糊與神經網路的關係也在第十六章引出，讓讀者可以接著去閱讀下一階段神經網路相關書籍。至此相信讀者已有進入 Fuzzy 領域的 Key，亦俱備堅實的基礎，以後不論在 Fuzzy 理論探討或 Fuzzy 實作應用，均可大膽前進，游刃有餘了。

17.2 教學心得

　　筆者鑽研 Fuzzy 理論多年，有幾點感觸與讀者分享：

一、Fuzzy 為何受歡迎？因為它很好用(It works !)，許多受控體之數學模式難以求得或根本求不到，我們往往仍可利用 Fuzzy 控制達到控制效果。又它很容易被接受，就算你數學基礎不好，對 Fuzzy 理論不是很清楚，但依循基本 Fuzzy 控制的步驟，仍可"照本宣科"來做控制器設計。

二、為何一直仍有人懷疑 Fuzzy 理論？因為 Fuzzy 理論仍有許多尚未有嚴謹證明的理論與架構，常使人有不知其所以然，但又不得不承認其很受用的矛盾感及不安全感。另外與現在的機率學糾纏不清，亦讓人認為它是一門「新學術領域」，卻又覺得它是屬於機率學的一種"遊戲"，似乎還不夠有納入正統學術的資格。另外讀完此書，讀者應該也有發覺，Fuzzy 理論野心很大，它試圖跨足於集合論(如第二、三章)、算術論(如第四章)、邏輯推理(如第六、七、八章)、及控制系統理論(如第十、十一、十二、十三章) 等領域，但也暴露出了在該領域某些地方，不成熟不嚴謹的缺點，當然這也難免會被那些領域的專家們當作攻擊的理由。但是近年來似乎攻擊的聲音已減弱許多，研究人口已膨脹到可以完全淹沒那些反對聲音了。

三、Fuzzy 理論為何值得研究？因為它在實際控制應用上很好用，可是控制精確度稍嫌粗糙且控制過程常需"嘗試錯誤 (Trial and error)"之動作，所以值得研究改良。近年來 T-S fuzzy system，LMI (Linear Matrix inequality) 及 SOS (Sum of squares) 理論與軟體工具的興起，讓模糊理論在數學架構更趨完整與嚴謹，在控制應用上更具說服力。尤其最近人工智慧(AI)當道，模糊理論也算是 AI 領域中的一員。筆者相信，只要假以時日， Fuzzy 理論將是一門獨立且影響深遠的學問。

四、Fuzzy 的前途如何？依筆者個人的心得，Fuzzy 理論必然不會消失，反而會日益發揚光大，研究的人數一定與日俱增(理由見第三點)。儘管仍有人持懷疑態度，但只會更凸顯它的特殊及與眾不同。另外，以後研究 Fuzzy 理論的人其背景會愈來愈多樣化，似乎太多的領域均可運用 Fuzzy 的觀念去思考去應用，將來必定有眾多除了家電用品以外的產品(如金融分析、醫學診斷、影像辨識、心理及個性剖析等等)，使用 Fuzzy 做為它們的銷售賣點名詞。

五、現代研究學者應以何種態度看待 Fuzzy?"文人相輕"向來是中外學者的通病，大家總是視自己的研究如寶，視他人的研究如草，所以反對 Fuzzy 的聲音，多少也是因為有這種心態。筆者個人認為不管從事哪一類研究，均應大方坦然地接受 Fuzzy 這門學問，它的缺點可以去想辦法改良啊！另外，很少有學問如 Fuzzy 理論，有那麼廣泛的應用範圍，如何善用 Fuzzy 理論去解決各領域的困難，才應是各研究者的正確心態。以包容的心情，去接受 Fuzzy 的優點，也要用批判的角度，去改善它的缺點，如此相輔相成，必然可使你原來的研究領域多一個思考方向及解決方法，也可使 Fuzzy 領域更形完善，益趨成熟。

六、研究 Fuzzy 學問的學者們，應該都有一個感覺，就是現在單單利用 Fuzzy 控制去實現控制一個受控體，似乎已很難在學術領域受到重視。所以現在的期刊文獻所刊載的 Fuzzy 文章，已漸漸需要嚴謹的理論證明，加上神經網路的輔助，以達到更深入的研究成果。若想再深入 Fuzzy 領域，其實穩固的數學基礎還是不能缺少的，所以欲了解今日 Fuzzy 理論的進步千里，常常涉獵目前的文獻，此功夫不可少也。研究學者應可發現，現在期刊上登出的 Fuzzy 理論的文章，許多比機率學，比非線性系統等科目，都要難懂，不夠紮實的數學基礎，要寫出好的 Fuzzy 理論文章實在愈來愈困難了。但是我倒很鼓勵博士班學生，可以把 Fuzzy 理論的應用，擴展到其他非控制領域，如影像處理、通訊、信號處理、工業管理等領域，倒是可以寫出一些文章，讓那些領域對 Fuzzy 陌生的學者驚歡欣賞的文章，而登上該領域的期刊、或雜誌。

七、筆者深深感覺現在的研究生們，數學基礎薄弱，比二十年前的研究生差距很大。這也不能怪罪學生，因近年來學生以產業應用為導向的研究為先，實作能力重於理論推導能力觀念當道。筆者在中央大學教授兩門研究所的課程："模糊控制"與"神經網路"，很受學生歡迎，大概也受人工智慧、深度學習的風潮影響，這是時代所趨。筆者也要呼籲年輕學者，數學是工業之母，數學底子不夠，必然影響對問題分析及解決能力，未來若需要在競爭激烈的工業界與人競爭？數學能力還是不可忽略。希望看完此書的讀者，千萬不可有模糊理論是可以取代需要高深數學基礎的控制理論的觀念，不相信你可以看看目前的模糊期刊文獻，數學推導愈來愈嚴謹，愈來愈複雜。只要你是工業界的一份子，請永遠記得：千萬別看輕數學，它可以帶你走更遠的路，爬更高的樓。

17-8 認識 Fuzzy 理論與應用

參考文獻

[1] G. J. Klir and B. Yuan, <u>Fuzzy sets and fuzzy logic theory and application</u>, *Prentice-Hall,* 1995.

[2] B. Schweizer and A. Sklar, "Associative functions and abstract semigroups," *Pub. Math. Debrecen*, Vol. 10, pp. 69-81, 1963.

[3] R. R. Yager, "On a general class of fuzzy connectives," *Fuzzy Sets and Systems,* Vol. 4, No. 3, pp. 235-242, 1980.

[4] M. J. Frank, "On the simultaneous associativity of F(x, y) and x+y-F(x, y)," *A Equations Mathematica,* Vol. 19, No. 2-3, pp. 194-226, 1979.

[5] W. Yn and Z. Bien, "Design of fuzzy logic controller with inconsistent rule base," *Journal of Intelligent & Fuzzy Systems*, Vol. 2, No. 2, pp. 147-159, 1994.

[6] 孫宗瀛與楊英魁, <u>Fuzzy 控制理論-實作與應用</u>, 全華科技圖書公司, 1995 年.

[7] A. Kaufmann and M. M. Gupta, <u>Introduction to fuzzy arithmetic theory and application</u>, *Van Nostrand Reinhold*, 1991.

[8] G. J. Klir and T. Folger, <u>Fuzzy sets, uncertainty, and information</u>, *Prentice-Hall,* N.J. 1988.

[9] 林信成與彭啟峰, <u>Oh！fuzzy 模糊理論剖析</u>, 第三波文化事業, 1994.

[10] C. P. Pappis and M. Sugeno, "Fuzzy relational equations

and the inverse problem," *Fuzzy sets and Systems,* Vol. 15, pp. 79-90, 1985.

[11] D. Neundorf and R. Böhm, "Solvability criteria for systems of fuzzy relation equations," *Fuzzy Sets and Systems,* Vol. 80, pp. 345-352, 1996.

[12] L.-X. Wang, A course in fuzzy systems and control, *Prentice-Hall* 1997.

[13] 陳裕愷，三百六十度倒單擺直立定位控制，國立中央大學，資訊與電機工程研究所，碩士論文（王文俊指導），1994 年.

[14] 沈博仁，倒單擺系統直立與定位之智慧型控制設計，國立中央大學，電機工程研究所，碩士論文（王文俊指導），1995 年.

[15] 菅野道夫，楊英魁校閱，Fuzzy 控制，中國生產力中心編譯，1991 年.

[16] T. Yamakawa, "Stabilization of an inverted pendulum by a high-speed logic controller hardware system," *Fuzzy Sets and Systems,* Vol. 32, No. 2, pp. 161-180, 1989.

[17] C. T. Chen, Linear system theory and design, *CBS College Publishing,* 1984.

[18] M. Vidyasagar, Nonlinear systems analysis, *Prentice-Hall,* 1993.

[19] K. Tanaka and M. Sugeno, "Stability analysis and design of fuzzy control systems," *Fuzzy Sets and Systems,* Vol. 45, pp. 135-156, 1992.

[20] H. O. Wang, K. Tanaka and M. F. Griffin, "An approach to fuzzy control of nonlinear systems: stability and design issues," *IEEE Trans. on Fuzzy Systems,* Vol. 4, No. 1, pp. 14-23, Feb. 1996.

[21] W. J. Wang, "New similarity measures on fuzzy sets and on elements," *Fuzzy Sets and Systems,* Vol. 85, pp. 305-309, 1997.

[22] X. Liu, "Entropy, distance measure and similarity measure of fuzzy sets and their relations," *Fuzzy Sets and Systems,* Vol. 52, pp. 305-318, 1992.

[23] L. K. Hyung, Y. S. Song and K. M. Lee, "Similarity measure between fuzzy sets and between elements," *Fuzzy Sets and Systems,* Vol. 62, pp. 291-293, 1994.

[24] C. P. Pappis and N. I. Karacapilidis, "A comparative assessment of measures of similarity of fuzzy values," *Fuzzy Sets and Systems,* Vol. 56, pp. 171-174, 1993.

[25] H. J. Zimmermann, Fuzzy set theory and its applications, *Kluwer-Nijhoff,* MA, 1985.

[26] A. Kaufmann, Introduction to the theory and fuzzy subsets, *Academic Press,* NY, 1975.

[27] R. R. Yager, "On the measure of fuzziness and negation, Part I: membership in unit interval," *Int. Journal of General Systems,* Vol. 5, pp.221-229, 1979.

[28] A. De Luca and S. Termini, "A definition of a nonprobabilistic entropy in the setting of fuzzy theory,"

Inform. and Control, Vol. 20, pp. 301-312, 1972.

[29] W. J. Wang and C. H. Chiu, "Some properties of the entropy and information energy for fuzzy sets," *Proceeding of IEEE Int. Conference on Intelligent Processing system Beijing,* Oct. 28-31, 1997.

[30] W. Pedrycz, "Why triangular membership functions?" *Fuzzy Sets and Systems,* Vol. 64, pp. 21-30, 1994.

[31] W. J. Wang and C. H. Chiu, "Entropy variation on the fuzzy numbers with arithmetic operations," *Fuzzy Sets and Systems,* Vol. 103, pp.443-455, 1999.

[32] J. S. R. Jang, C. -T. Sun and E. Mizutani, Neural-fuzzy and soft computing, *Prentic-Hall,* N. J. 1997.

[33] D. Driankov, H. Hellendoorn and M. Reinfrank, An introduction to fuzzy control, *Springer,* 1993.

[34] 羅煥城, 模糊理論在伺服系統之應用, 國立中央大學, 資訊及電子工程研究所, 碩士論文(王文俊指導), 1993 年.

[35] 黃志偉, 遺傳基因演算法的模糊控制器在球桿系統上之應用, 國立成功大學, 電機工程研究所, 碩士論文(李祖聖指導), 1996 年.

[36] 林嘉富, 輔以基因演算法的模糊控制器在球桿系統上之應用, 國立中央大學, 電機工程研究所, 碩士論文(王文俊指導), 1995 年.

[37] K. Kristinsson and G. A. Dumont, "System identification and control using genetic algorithm," *IEEE Trans. on Systems, Man and Cyber.,* Vol. 22, No. 5, pp. 1033-1045,

1992.

[38] C. L. Karr, "Genetic algorithm for fuzzy controller," *AI Expert,* pp. 26-33, Feb. 1991.

[39] 向殿政男, 劉天祥, 與佟中仁, Fuzzy 理論入門, 中國生產力中心, 1990.

[40] T. Terano, K. Asai, and M. Sugeno, Fuzzy systems theory and its applications, *Academic Press,* 1992.

[41] 安信誠二, 王欽輝, 與侯志陞, Fuzzy 工學, 全華科技圖書公司, 1993 年.

[42] Z. Y. Zhao, M. Tomizuka, and S. Isaka, "Fuzzy gain scheduling of PID controllers," *IEEE Trans. on Systems, Man, and Cybernetic,* Vol.23, No. 5, pp.1392-1398, 1993.

[43] L. X. Wang, "Fuzzy systems are universal approximators," *Proc. IEEE International Conference on Fuzzy Systems,* San Diago, pp. 1163-1170, 1992.

[44] C. H. Chiu and W.-J. Wang, "A simple computation of MIN and MAX operations for fuzzy numbers," *Fuzzy Sets and Systems*, Vol. 126, pp.273-276, 2002.

[45] M. Jamshidi, N. Vadiee, and T. J. Ross, Fuzzy logic and control-software and hardware applications, *PTR Prentice Hall, Englewood Cliffs,* New Jersey, 1993.

[46] K. Tanaka and H. O. Wang, Fuzzy control systems design and analysis-A linear matrix inequality approach, *John Wiley & Sons, Inc.* New York, 2001.

[47] J. S. R. Jang, "ANFIS: Adaptive-network-based fuzzy

inference systems," *IEEE Trans. Systems, Man, and Cybernetics,* Vol. 23, No. 3, pp. 665-685, 1993.

[48] T. J. Ross, <u>Fuzzy logic with engineering applications</u>, *McGraw Hill,* 1997.

[49] T. F. Elbert, <u>Estimation and control of systems</u>, *Van Nostrand Reinhold Company,* 1984.

[50] S. Haykin, <u>Neural networks - A comprehensive foundation,</u> *Prentice Hall, International, Inc.* 1999.

[51] L. Ljung, <u>System identification : theory for the user,</u> *Prentice Hall, Upper Saddle River,* NJ, 1987.

[52] T. C. Chiang and W.-J. Wang, "Highway on-ramp control using fuzzy decision making," *Journal of Vibration and Control*, Vol. 17, No. 2, pp. 205-213, Feb. 2011.

[53] 王文俊，<u>認識 Fuzzy，第三版</u>，全華圖書有限公司，2005 年。

[54] https://zh.wikipedia.org/wiki/PID%E6%8E%A7%E5%88% B6%E5%99%A8

[55] R. E. Bellman and L. A. Zadeh, "Decision making in a fuzzy environment," *Management Science,* Vol. 17, pp. 141-164, 1970.

[56] S-J. Chen and C.L. Hwang, <u>Fuzzy multiple attribute decision making: methods and applications</u>, *Springer-Verlag Berlin Heidelberg,* 1992.

[57] C. Carlsson and R. Fullér, "Fuzzy multiple criteria decision making: Recent developments," *Fuzzy Sets and Systems,*

Vol. 78, pp. 139-153, 1996.

[58] R. Larson and D.C. Falvo, <u>Elementary Linear Algebra</u>, Six edition, *Brooks/Cole*, Cengage Learning, 2010.

[59] J. M. Blin, "Fuzzy relations in group decision theory," *Journal of Cybernetics,* Vol. 4, No.2, pp. 12-22, 1974.

[60] S. Kawamoto *et al.*, "An approach to stability analysis of second order fuzzy systems," *Proc. of First IEEE International Conference on Fuzzy Systems*, San Diago, pp. 1427-1434, 1992.

[61] Z. Lendek, T. M. Guerra, R. Babuka, and B. D. Schutter, <u>Stability analysis and nonlinear observer design using Takagi-Sugeno fuzzy models,</u> *Springer-Verlag Berlin Heidelberg*, 2010.

國家圖書館出版品預行編目資料

認識 Fuzzy 理論與應用 / 王文俊編著. -- 四版. --
　　新北市 : 全華圖書, 2017.12
　　　面　 ;　 公分
　　ISBN 978-986-463-694-5(平裝)

　　1.CST: 模糊理論

319.4　　　　　　　　　　　　106019441

認識 Fuzzy 理論與應用

作者 / 王文俊

發行人 / 陳本源

執行編輯 / 張峻銘

出版者 / 全華圖書股份有限公司

郵政帳號 / 0100836-1 號

印刷者 / 宏懋打字印刷股份有限公司

圖書編號 / 0576101

四版四刷 / 2022 年 6 月

定價 / 新台幣 370 元

ISBN / 978-986-463-694-5(平裝)

全華圖書 / www.chwa.com.tw

全華網路書店 Open Tech / www.opentech.com.tw

若您對書籍內容、排版印刷有任何問題，歡迎來信指導 book@chwa.com.tw

臺北總公司(北區營業處)
地址：23671 新北市土城區忠義路 21 號
電話：(02) 2262-5666
傳真：(02) 6637-3695、6637-3696

南區營業處
地址：80769 高雄市三民區應安街 12 號
電話：(07) 381-1377
傳真：(07) 862-5562

中區營業處
地址：40256 臺中市南區樹義一巷 26 號
電話：(04) 2261-8485
傳真：(04) 3600-9806(高中職)
　　　(04) 3601-8600(大專)

歡迎加入 全華會員

● 會員獨享

會員享購書折扣、紅利積點、生日禮金、不定期優惠活動…等。

● 如何加入會員

掃 QRcode 或填妥讀者回函卡直接傳真 (02) 2262-0900 或寄回，將由專人協助登入會員資料，待收到 E-MAIL 通知後即可成為會員。

如何購買 全華書籍

1. 網路購書

全華網路書店「http://www.opentech.com.tw」，加入會員購書更便利，並享有紅利積點回饋等各式優惠。

2. 實體門市

歡迎至全華門市（新北市土城區忠義路 21 號）或各大書局選購。

3. 來電訂購

(1) 訂購專線：(02) 2262-5666 轉 321-324
(2) 傳真專線：(02) 6637-3696
(3) 郵局劃撥（帳號：0100836-1　戶名：全華圖書股份有限公司）
※ 購書未滿 990 元者，酌收運費 80 元。

OpenTech
全華網路書店.com.tw

全華網路書店 www.opentech.com.tw
E-mail: service@chwa.com.tw

※ 本會員制如有變更則以最新修訂制度為準，造成不便請見諒。